枢纽暴雨洪水预报及应急调控技术

张云辉　徐奎　杨明祥　王超　秦韬　孙庆宇　等　著

中国水利水电出版社

www.waterpub.com.cn

·北京·

内 容 提 要

本书全面介绍了水利枢纽群暴雨洪水预报与应急调控及其云服务平台开发关键技术，系统阐述了枢纽群高精度短期临近暴雨洪水预报技术、枢纽群洪水精细化模拟与多目标调控技术、多安全约束下枢纽群非常规洪水应急调控技术和枢纽群暴雨洪水预报及应急调控云服务平台研究内容，重点介绍了上述理论与方法在雅砻江流域的数值天气洪水预报和径流模拟、河道洪水多维模型耦合模拟、耦合多重安全约束枢纽群应急调控与相应云服务平台开发建设最新应用研究成果，丰富和发展了枢纽暴雨洪水预报与应急调控理论、方法体系，对流域水利枢纽群暴雨洪水预报与应急调控综合管理具有重要的参考意义与广泛的应用前景。

本书可供水利水电工程、水文水资源、系统工程、管理科学等研究领域从事水利枢纽安全运行管理及系统分析等相关研究的科研、工程技术人员，以及高等院校相关专业师生参考。

图书在版编目（CIP）数据

枢纽暴雨洪水预报及应急调控技术 / 张云辉等著
. -- 北京：中国水利水电出版社，2021.7
ISBN 978-7-5170-9786-0

Ⅰ．①枢… Ⅱ．①张… Ⅲ．①水利枢纽－暴雨洪水－洪水预报系统②水利枢纽－暴雨洪水－突发事件－处理
Ⅳ．①TV6②P338

中国版本图书馆CIP数据核字(2021)第150134号

书　　　名	**枢纽暴雨洪水预报及应急调控技术** SHUNIU BAOYU HONGSHUI YUBAO JI YINGJI TIAOKONG JISHU	
作　　　者	张云辉　徐奎　杨明祥　王超　秦韬　孙庆宇　等　著	
出版发行	中国水利水电出版社 （北京市海淀区玉渊潭南路 1 号 D 座　100038） 网址：www.waterpub.com.cn E-mail：sales@waterpub.com.cn 电话：（010）68367658（营销中心）	
经　　　售	北京科水图书销售中心（零售） 电话：（010）88383994、63202643、68545874 全国各地新华书店和相关出版物销售网点	
排　　　版	中国水利水电出版社微机排版中心	
印　　　刷	清淞永业（天津）印刷有限公司	
规　　　格	184mm×260mm　16 开本　8 印张　148 千字　4 插页	
版　　　次	2021 年 7 月第 1 版　2021 年 7 月第 1 次印刷	
印　　　数	001—800 册	
定　　　价	**46.00 元**	

前 言

　　本书围绕枢纽暴雨洪水预报及应急调控关键技术问题，研究了枢纽群高精度短期临近暴雨洪水预报技术、枢纽群洪水精细化模拟与多目标调控技术、多安全约束下枢纽群非常规洪水应急调控技术和枢纽群暴雨洪水预报及应急调控云服务平台，突破相关理论障碍和技术瓶颈，形成一套能够统筹枢纽暴雨洪水预报及应急调控的关键理论与方法，为长江中上游特大型水利枢纽的暴雨洪水预报应急调度提供决策支持。

　　全书的主要章节体系如下：

　　第1章以研究背景和科学意义为切入点，给出以枢纽群高精度短期临近暴雨洪水预报技术—枢纽群洪水精细化模拟与多目标调控技术—枢纽群非常规洪水应急调控技术—枢纽群暴雨洪水预报及应急调控云服务平台为主线的研究内容、研究方法和技术路线，探讨本书的特色和理论创新点，阐明本书的主要章节体系。

　　第2章介绍了枢纽群高精度短期临近暴雨洪水预报技术。研究建立了基于欧几里得贴近度的方案评价模型；进而探究数值天气模式分布式水文模型的时空耦合方法，实现同时空尺度的陆气耦合模式构建，并利用实测数据对耦合模式的可靠性进行检验分析；通过分析流域气象和下垫面资料，提取流域的空间变异性特征，并在此基础上建立参数库，应用不同的模型对不同河段和主要支流的洪水形成和传播机理进行分析研究，并对模型进行适应性改进，突破耦合中尺度大气模式的暴雨洪水高精度预报关键技术瓶颈。

　　第3章介绍了枢纽群洪水精细化模拟与多目标调控技术。研究在麦地龙水文站至锦屏一级水库库区及锦屏一级下游河道采用一维水力学方法，模拟水流演进过程；在锦屏一级库区建立二维水动力模型，模拟库区水体运动，通过一维、二维耦合方法能够兼顾计算速度和准确性，更好把握库区动库容演变；进而结合梯级枢纽工程实时预报系统和决策平台，根据水库调度精度和业务需求搭建多维度耦合的河库动态水流演进模型，模拟了锦屏一级水库泄水后的大河湾河段水位流量过程，从而对河段防洪安全进行评估，进一步对水库防洪调度提供支撑。

第 4 章介绍了多安全约束下枢纽群非常规洪水应急调控技术。首先分析了枢纽群非常规洪水的典型工况，量化了垮坝水流的流达时间、振动—泄洪流量、闸门开度组合—下游流态等多安全约束关系，分析了泥沙淤积库区冲沙最优泄流模式，提出了保障枢纽群库区-坝体-水垫塘-下游河道多维安全的应急调控技术，为特大型枢纽群面临非常规洪水时安全运行提供技术支撑。

第 5 章介绍了枢纽群暴雨洪水预报及应急调控云服务平台研究内容。以前述理论研究成果为指导，基于 SOA 架构将高精度短期临近暴雨洪水预报、洪水模拟及多目标调控、非常规洪水应急调控等各任务解耦为功能各异的组件和模块，研究基于表示层-调度层-业务层-数据层的云服务 SaaS 软件架构，将相关应用服务集成到云平台，设计契合各功能业务员的开放式数据接口，进而搭建基于 GIS 的梯级枢纽群暴雨洪水预报及应急调控云服务平台，为雅砻江流域的相关管理工作提供决策支持服务。

本书相关研究工作得到了国家重点研发计划课题"枢纽暴雨洪水预报及应急调控技术"（2016YFC0401903）的资助。

在本书编写过程中，张云辉拟定了全书大纲并负责统稿和定稿工作，徐奎、杨明祥、王超、秦韬、孙庆宇等分工编写。何中政、覃光华、缪益平、宋健蛟、邵鹏昊、王欣、李红霞、朱成涛等协助编写、全书校正和插图绘制工作。书中内容是作者在相关研究领域工作成果的总结，在研究工作中得到了相关单位及有关专家、同人的大力支持，同时本书也参考了国内外专家学者在这一研究领域的最新研究成果，在此一并表示衷心的感谢。

由于枢纽暴雨洪水预报及应急调控理论方法研究尚在摸索阶段，许多理论与方法仍在探索之中，有待进一步发展和完善，加之作者水平有限，书中不当之处在所难免，敬请读者批评指正。

作者

2021 年 5 月

目 录

第1章 绪 论

1.1 研究背景及意义

暴雨洪水是威胁人类生存和社会发展的主要灾害之一，其发生之频繁和破坏之严重，是其他灾害无法相比的。我国受季风气候影响，降水较为集中，加之山地地形占国土面积比重较大，致使洪水灾害较世界其他地区更为严重，全国大约有 2/3 的国土面积受洪水灾害威胁。自中华人民共和国成立以来，我国政府始终将防洪减灾工作放在比较突出的位置。围绕防洪减灾，我国水利工程建设取得了巨大成绩，防洪能力得到了较大提升，基本建成了七大江河的防洪工程体系。然而，总体来讲，我国仍然面临着非常严峻的洪涝灾害威胁，特别是随着我国人口规模的不断扩大以及经济社会的不断发展，单位受灾面积生命与经济损失不断上升，这为国家的防洪能力建设提出了更为严格的要求。近些年来，随着防洪工程建设的逐步完善，越来越多的学者和管理人员开始关注非工程防洪措施，人们逐渐认识到防洪工程作用的发挥需要大量的非工程措施配合才能得以实现，这主要包括预见期较长、可靠性较高的径流预报及科学的防洪调度等。在由工程与非工程措施构成的防洪减灾体系中，及时准确的径流预报不仅可以为应急争取到宝贵的时间也可以为防洪调度提供可靠的依据，从而取得巨大的减灾效益，如在 1998 年的特大洪水中，径流预报的直接减灾效益约为 800 亿元。

传统的大型水利枢纽群暴雨洪水预报调度仅从洪峰、洪量约束方面考虑调度，未将枢纽其他安全约束，如环境影响约束等考虑在内。如何针对水利枢纽群非常规洪水（提前蓄水、上游突然甩负荷、人造洪水冲沙等），考虑枢纽群泄洪安全、长期运行环境安全等多安全要求，建立特大型水利枢纽群非常规洪水应急调控模型，提出满足枢纽群泄洪工程安全、运行环境安全等多安全约束下非常规洪水应急调控方案与技术，是需要解决的一个关键技术。而为应急调控提供准确的调度边界，则需解决好各枢纽的来水预报并能模拟枢纽上下游间的水力联系。

雅砻江干流水力资源丰富，两河口以下至江口的中下游河段被列为国家水电基地，其规模在我国能源发展规划的十三大水电基地中居第 4 位。干流开发目标比较单一，主要是发电，无其他综合利用要求。因此，各电站发电任务的有序、合理、安全的完成有赖于来水的准确预报，尤其在汛期，水电站发电计划的执行和安全运行与流域的洪水预报精度有着密切关系，尤其是高精度短期临近暴雨预报。

雅砻江流域南北跨越 7 个多纬度，呈狭长形，流域内地形复杂，谷岭高低悬殊，气候存在明显差异，植被覆盖情况也各不相同。一方面，由于地理环境等因素，有的区间站点分布较少，资料代表性稍差，不能真实反映流域降雨情况；另一方面，流域内部分支流的人类活动影响较大，中、小型水库和山塘、塘坝大多无法得到实时运行资料。以上两个方面是造成目前水情预报不确定性大、精度达不到要求的主要原因。受传统水文预报以落地雨为起始点的局限，水文预报的有效预见期往往由流域平均汇流时间决定。目前，提高径流预报预见期最有效的方法是基于陆气耦合模式进行径流预报，即在水文模型中引入气象预报数据，以气象预报驱动水文模型来获得未来数天甚至更长时间的径流信息。因此，构建较为精确的气象预报模式具有较强的现实意义。而在水库应急调度尤其是防洪调度的过程中，由于上游来水量较大，水面线曲率也更大，准确计算水库的动库容对于洪水调蓄有着至关重要的作用。动库容的计算有多种方法，包括水量平衡、分段总和法及水力学法等。本书采用水动力方法计算水库动库容效应，另外也能采用动力学方法描述枢纽群间的水力联系，从而为各枢纽群联合应急调控进行支撑。

1.2　本书主要内容及创新点

1.2.1　主要内容

本书为解决长江上游特大型水利枢纽暴雨洪水预报及应急调控技术面临的关键科学问题，研究基于 WRF 预报模式的高精度气象预报模型，以传统的新安江、水箱、API 等水文预报模型为基础，构建可精确反映流域暴雨洪水情景下流域产流和河道汇流过程的水文预报模型体系，并利用多目标差分等优化算法率定气象模型和水文预报模型的参数；综合分析特大型水利枢纽多维安全风险分析成果，运用关联性分析、极端机器学习等方法提取保证流域多维安全机组运行、拦蓄洪方式、大坝泄流方式的风险控制约束边界，并通过河道一维圣维南方程组实现大型水利枢纽防洪库容的精确刻画，进而构建面向多维安全的特大型水利枢纽防洪调度模型；在此基础上，充分考虑超标洪水情景下水利枢纽与区域控制性防洪工程的协同防洪机制，建立长江上中游特大型水利枢纽超标洪水应急调度模型，运用深度学习等数据挖掘方法分析不同暴雨洪水、超标洪水情景下特大型水利枢纽的防洪调度和应急调度行为，编制特大型水利枢纽暴雨洪水调度、超标洪水应急调度方案；进一步研究长江上中游特大型水利枢纽超标洪水应急调度方案的风险评估的方法，按照有关规定和要求编制长江特大水利枢纽洪水调度应急预案；运用面向服务式架构实现特大型水利枢纽暴雨洪水预报、防洪调度、应急调度的各功能业务的低内聚、松耦合集成，建立基于 SaaS 4 层模式的特大型水利枢纽群暴雨洪水预报及洪水安全调控云服务平台，为长江中上游特大型水利枢纽的暴雨洪水预报应急调度提供决策支持。本书的总体研究框架如图 1-1 所示。

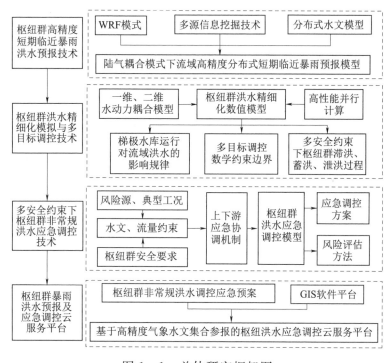

图 1-1 总体研究框架图

1.2.2 主要创新点

本书的主要创新点如下：

（1）构建了陆气耦合模式下的高精度分布式暴雨洪水预报模型。针对资料缺乏的西南复杂地形区域气象水文预报难题，研究引入基于三维变分同化的数值天气预报模式 WRF、PML 遥感数据，提出了基于综合相似法的参数移植技术，建立了雅砻江全流域分布式暴雨洪水精细化预报模型，提高了雅砻江流域气象水文预报分辨率、预见期和精度。

（2）建立了数据同化实时校正的枢纽群精细化水动力数值模拟模型。面向枢纽群洪水多目标和多工况调控需求，研发了河道-水库水动力双向动态互馈方法，构建了河道-水库一维、二维水动力耦合数值模拟模型，提出了数据同化方法实时校正模型参数及河道地形数据，实现了高山峡谷大河湾河段耦合多维计算水力学模型的枢纽群入流过程和泄流演进过程的精准刻画和及时预报。

（3）提出了满足多安全约束的枢纽非常规洪水应急调控方法。围绕多安全约束下枢纽群非常规洪水应急调控问题，结合现场原型观测、物理模型试验模拟等手段，量化了坝体（水垫塘）振动-泄洪流量约束关系、闸门开度组合-下游流态约束关系，探明了泥沙淤积库区冲沙最优泄流模式，提出了保障枢纽群坝体-水垫塘-库区-下游河道多维安全的应急调控技术。

（4）构建了枢纽群暴雨洪水预报及应急调控云服务平台。基于 SOA 架构将高精度短期临近暴雨洪水预报、洪水模拟及多目标调控、非常规洪水应急调控等各任务解耦为功能各异的组件和模块，研究基于表示层-调度层-业务层-数据层的云服务 SaaS 软件架构，将相关应用服务集成到云平台，提出了基于 GIS 的梯级枢纽群暴雨洪水预报及应急调控云服务平台搭建技术。

第2章 枢纽群高精度短期临近暴雨洪水预报技术

为提高暴雨洪水预报精度和预见期，构建长江中上游高精度数值天气预报模式，基于再分析资料和观测资料实现数值天气模式的本地化；利用雷达、云图、地面观测等数据的解译、融合与外推分析功能，获取研究区0～6h临近降水预报信息，并利用多源数据同化为数值天气预报模式提供更为准确的初始场，进而获取6～72h短期数值降水预报。

根据雅砻江流域特点和梯级电站控制性枢纽位置，主要对温波以下河段和主要支流进行预报方案的研究，河段包括两河口以上河段、两河口—锦屏一级河段、锦屏一级—二滩河段及二滩—桐子林河段，主要支流为安宁河、理塘河、九龙河、力丘河和鳡鱼河。雅砻江流域干支流主要水文站洪水传播时间示意如图2-1所示。

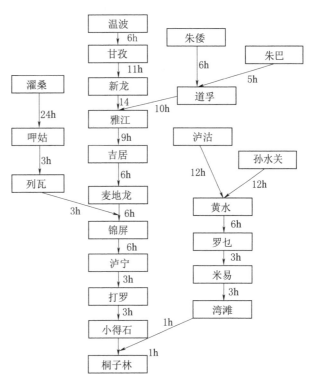

图2-1 雅砻江流域干支流主要水文站洪水传播时间示意图

2.1 基于欧几里得贴近度的综合评价方法

2.1.1 欧几里得贴近度

欧几里得贴近度是两个模糊子集之间接近程度的一种度量，设 u_1 和 u_2 为论域 U 上的两个模糊子集，则 u_1 与 u_2 之间的欧几里得贴近度被定义为

$$e(\mathbf{u}_1, \mathbf{u}_2) = \sqrt{\frac{1}{n}\sum_{i=1}^{n}\left[\nu_{\mathbf{u}_1}(X_i) - \nu_{\mathbf{u}_2}(Y_i)\right]^2} \qquad (2-1)$$

式中：$\nu(\cdot)$ 为模糊子集 $\mathbf{u}_1$ 和 $\mathbf{u}_2$ 的隶属度函数。

$\mathbf{u}_1$ 和 $\mathbf{u}_2$ 的向量形式可以表示为

$$\mathbf{u}_1 = \{\nu_{\mathbf{u}_1}(X_1), \nu_{\mathbf{u}_1}(X_2), \cdots, \nu_{\mathbf{u}_1}(X_n)\} \qquad (2-2)$$

$$\mathbf{u}_2 = \{\nu_{\mathbf{u}_2}(Y_1), \nu_{\mathbf{u}_2}(Y_2), \cdots, \nu_{\mathbf{u}_2}(Y_n)\} \qquad (2-3)$$

若 $\mathbf{s}$ 同为属于 $\mathbf{U}$ 的模糊子集，已知 $\mathbf{u}_1$，$\mathbf{u}_2$，$\cdots$，$\mathbf{u}_m$ 共 m 个模糊子集，并且有式（2-4）成立，则可以说明模糊子集 $\mathbf{s}$ 与 $\mathbf{u}_k$ 最贴近。

$$e(\mathbf{s}, \mathbf{u}_k) = \min\{e(\mathbf{s}, \mathbf{u}_1), e(\mathbf{s}, \mathbf{u}_2), \cdots, e(\mathbf{s}, \mathbf{u}_m)\} \quad 1 \leqslant k \leqslant m \qquad (2-4)$$

2.1.2 基于欧几里得贴近度的方案评价模型

用于评价数值天气模式降水预报精度的指标较多，各个指标的侧重点均有所不同，有些指标关注降雨落区精度的评价，而有些指标则侧重降雨量级精度的评价，并且一种参数化方案组合很难在所有的单项指标评价中均取得比其他参数化方案更好的效果，因此仅凭不同指标的评价和分析，很难准确地选择出综合表现效果最好的参数化方案组合。模糊数学为解决这类问题提供了有效的方法，由欧几里得贴近度的概念可知，欧几里得贴近度可以较好地表征两个模糊子集的接近程度，这种特性在数值天气模式参数化方案优化组合中具有重要的意义。将 $PERCENT$、$RMSE$、$\overline{POD}$、$\overline{FAR}$、$\overline{BIAS}$、$\overline{ETS}$ 6 个指标组成论域 $\mathbf{V}$，其中 $\overline{POD}$、$\overline{FAR}$、$\overline{BIAS}$、$\overline{ETS}$ 是 POD、FAR、$BIAS$、ETS 在各阈值上的平均值：

$$\overline{POD} = \frac{1}{M}\sum_{m=1}^{M}(W_m POD_m) \qquad (2-5)$$

式（2-5）中 POD_m 是阈值 th_m 上的 POD 指标值，后面其他指标类似，阈值集合为 $\mathbf{th} = \{th_1, th_2, \cdots, th_m, \cdots, th_M\}$；$W_m$ 是某一阈值的权重，且 $\sum_{m=1}^{M} W_m = 1$。

$$\overline{FAR} = \frac{1}{M}\sum_{m=1}^{M}(W_m FAR_m) \qquad (2-6)$$

$$\overline{BIAS} = \frac{1}{M}\sum_{m=1}^{M}(W_m BIAS_m) \qquad (2-7)$$

$$\overline{ETS} = \frac{1}{M}\sum_{m=1}^{M}(W_m ETS_m) \qquad (2-8)$$

将模拟案例（某次降水事件）对应的评价结果设为模糊子集 $\mathbf{s}_i$，并且构建

各指标值的隶属度函数 $\mu(X)$，得

$$s_i = \{\mu(PERCENT_i), \mu(RMSE_i), \cdots, \mu(\overline{ETS_i})\} \tag{2-9}$$

其中：

$$\mu(PERCENT_i) = PERCENT_i \tag{2-10}$$

$$\mu(RMSE_i) = \frac{RMSE_i}{\max\{RMSE_1, RMSE_2, \cdots, RMSE_n\}} \tag{2-11}$$

$$\mu(\overline{POD_i}) = \overline{POD_i} \tag{2-12}$$

$$\mu(\overline{FAR_i}) = \overline{FAR_i} \tag{2-13}$$

$$\mu(\overline{BIAS_i}) = \begin{cases} 2 & \overline{BIAS_i} \geqslant 2 \\ \overline{BIAS_i} & \overline{BIAS_i} < 2 \end{cases} \tag{2-14}$$

$$\mu(\overline{ETS_i}) = \begin{cases} \overline{ETS_i} & \overline{ETS_i} > 0 \\ 0 & \overline{ETS_i} \leqslant 0 \end{cases} \tag{2-15}$$

以上各式中 $i \in \{1, 2, \cdots, n\}$ 为降水事件的序号。

将理论上各指标的最优值形成模糊子集 **O**，根据指标体系中各指标的物理意义，设置 **O** $= \{1, 0, 1, 0, 1, 1\}$。

为了避免因单次降水事件评价而导致的较大的随机误差，在实际方案评价过程中一般采用多场降水过程的平均表现来判断不同方案组合的优劣，因此某一方案组合基于欧几里得贴近度的综合评价值可以表示成该方案下多次降水事件指标评价结果（模糊集 s_i）与 **O** 的欧几里得贴近度的算数平均值，如式（2-16）所示：

$$E(s, O) = \frac{1}{n} \sum_{i=1}^{n} e(s_i, O) \tag{2-16}$$

2.2　雅砻江流域 WRF 模式构建

2.2.1　雅砻江流域概况

雅砻江流域（26°32′N～33°58′N，96°52′E～102°48′E）地处川西高原，发源于青藏高原巴颜喀拉山，跨越了 7 个多纬度带，全流域呈南北向条带状，流域面积约 13 万 km^2，干流总长度达 1323km，是长江最长的支流，流域水系如图2-2 所示。流域内地形极为复杂，谷岭高低悬殊，地势西北高东南低，大部分地区海拔超过了 1500m。雅砻江中下游地区人口较为稠密，工农业生产发达，同时也是矿产、水能等资源的富集区。每年汛期（5—10 月），西太平洋副热带

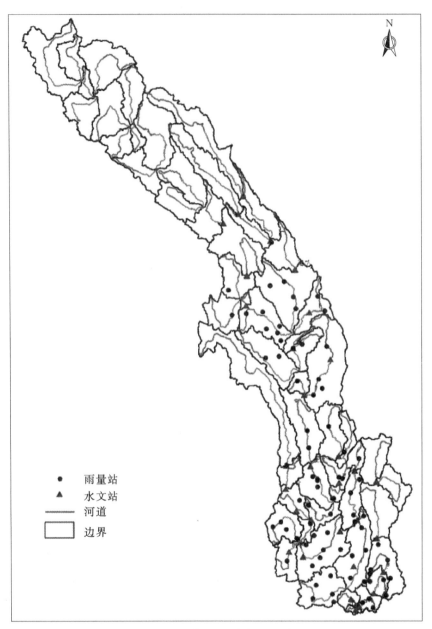

图 2-2　雅砻江流域水系示意图

（参见文后彩图）

高压脊线北移，往往使该流域中下游暴露于副热带高压西缘，加之西南季风携带的大量暖湿水汽，在流域内切变线和低涡频繁活动的影响下，导致该时期暴雨较多、山洪灾害时常发生，严重威胁人民群众生命财产安全，给地区经济带来了严重影响。同时，雅砻江流域径流丰沛，水能资源蕴藏量极其丰富（河源至河口落差达 4420m），被列为全国十大水电基地之一，规划进行 21 级梯级开发（见图 2-3）。准确及时的降水径流预报对雅砻江流域的兴利除害极为重要。

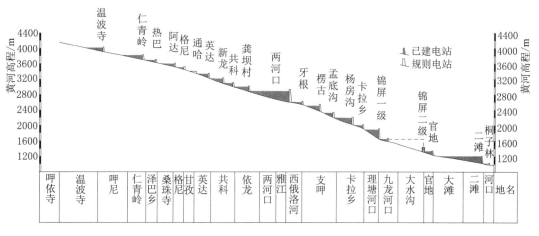

图 2-3　雅砻江流域梯级开发示意图

　　然而，雅砻江流域属于资料短缺地区，不仅地面雨量监测站点较少而且雨量站分布不均（见图 2-2）。监测主要集中在人口较多的下游，而广袤的流域中上游则基本无可用雨量资料。近些年来，伴随着流域大规模开发，流域内监测站网存在较大的变动，对雨量观测资料的一致性产生了较大的影响。此外，可获取的地面降水资料主要为日尺度数据，难以满足小时尺度水文模型构建的需求，因此主要在 WRF 模式参数化方案优选中使用地面雨量观测资料，而水文模型构建中使用的高分辨率数据主要来自 FNL 资料动力降尺度。由于锦屏等大型水电站 2010 年开始下闸蓄水，对流域水文情势造成了较大影响，因此选择 2010 年及之前的数据作为有效资料。

2.2.2　雅砻江流域数值天气模式

2.2.2.1　WRF 模式结构与物理方案

　　近几十年来，伴随着大气科学及地球科学的不断进步，在巨型计算机和超高速网络的推动下，数值天气模式越来越受到科研和业务人员的关注。自 1997 年以来，美国多所科研机构的科学家们致力于新一代高分辨率中尺度预报模式的研究，共同研发了 WRF 模式。WRF 模式通过求解一系列描述大气物理过程的动量方程、连续性方程、热力学方程来模拟天气过程。

　　自 2004 年 NCEP 将 WRF 模式投入业务应用以来，该模式在国内外得到了广泛的关注，特别是在国内的气象研究中占据了重要的位置，但是 WRF 模式在雅砻江流域的相关研究和应用工作还很不足。

　　WRF 模式内部参数化方案较其他中尺度模式丰富，考虑的物理过程也更为细致，其参数化方案主要包括云微物理参数化方案、积云对流参数化方案、行星边界层方案、陆面模式和辐射方案。然而各类方案对地形和气候条件较为敏感，针对不同研究区域应该选取何种参数化方案组合才能获得较好的模拟效果，是值得深入研究探讨的。由于云微物理参数化方案和积云对流参数化方案对降水的影响最为直接，是降水预报的关键所在，因此重点对云微物理参数化方案和积云对流参数化方案的组合选取进行探讨。现对前两类参数化方案介绍如下。

1. 云微物理参数化方案（MPS）

云微物理参数化方案用以对水汽、云、雨、雪等水的各种相态之间的转化过程（蒸发、凝结、凝华、沉降等）进行描述，不同方案涉及的相态种类及转化过程不完全一致。WRF 模式中常用的几种云微物理参数化方案主要包括：Kessler 方案、Lin et al.（Lin）方案、Single-Moment 3-class（WSM3）方案、Single-Moment 5-class（WSM5）方案、Ferrier 方案、Single-Moment 6-class（WSM6）方案和 New Thompson et al.（NTH）方案。

Kessler 是一种简单的暖云方案，其内部只包含水汽、云水和雨，忽略了液态水与冰之间的相变，其最初来自 COMMAS 模式，是最早出现在 WRF 模式中的微物理方案。Lin 方案是在研究中被广泛应用的一种较为复杂的物理方案，其内部包含了水汽、云水、雨、云冰、雪、霰等水的相态。WSM3 方案是在 NCEP3 方案的基础上发展起来的，它能够对云冰、云水、水汽、雨、雪等复杂现象进行预报。WSM3 方案通过判断当前温度是否高于冰点将云水、雨和云冰、雪区分开来。WSM5 方案较 WSM3 更为复杂，其进一步将云水和降水的不同状态分开存储，并且在方案中包括了极冷水这种预报量。WSM6 方案是对 WSM5 方案的一种扩展，主要加入了对霰这种相态的处理过程。Ferrier 方案或被称为 Eta-Ferrier 方案，因计算效率较高而被普遍使用，该方案可对云水、雨、云冰、雪、霰、冰雹等现象进行预报，其中云冰、雪、霰、冰雹等相态通过记录在本地列表中的密度信息进行区分。NTH 方案包含了冰的浓度分析，可为飞行器提供冻雨预报。在所用的 WRF 模式 3.5 版本中，NTH 方案是最为复杂的微物理方案，适用于高分辨率的模拟，但是其计算效率相应也是最低的。

2. 积云对流参数化方案（CPS）

积云对流参数化方案也被称为隐式对流方案，是数值模式中最重要的非绝热加热物理过程之一，能够对垂直方向的大气温度和湿度场模拟效果产生较大影响。在其他参数化方案相同的情况下，不同的积云对流参数化方案会产生差异较大的温度和降水模拟结果。WRF 模式中使用最为广泛的几种积云对流参数化方案有 Kain-Fritsch（KF）方案、Betts-Miller-Janjic（BMJ）方案和 Grell-Devenyi（GD）方案。

KF 方案使用一种较为简单的浮力能量型云模式，是对早期 Fritsch – Chappell 方案的扩展。为了抑制大范围的虚假对流，该方案在环境场中考虑了最小卷入率，而浅对流在未达到最小降水云厚度（受云底温度的影响）的情况下可以存在任意的上升气流。BMJ 方案是在 Betts – Miller 方案的基础上发展起来的，由于该方案参考廓线的确定是建立在大量观测事实的基础上的，所以虽然不能对积云对流雨环境场的关系进行详细描述，但仍能较好地给出湿度、温度的垂直分布情况。一些研究指出 BMJ 方案的鲁棒性较其他方案要好，同时该方案也被 NCEP 选作业务预报用方案。GD 方案采用准平衡假设，除在环流顶和底外，云与环境空气没有直接混合。此外，该方案是一种集成积云方案，内部包含了多种成员方案，最终结果取各成员的平均值，因此其无论是在高分辨率模拟中还是在低分辨率模拟中都具有不错的表现。

2.2.2.2 雅砻江流域 WRF 模式构建

利用高分辨率数值天气模式预报区域降水，并驱动水文模型进行径流预报是目前提高径流预报有效预见期的主要途径。在雅砻江流域数值天气预报中，选择了基于 ARW 内核的 WRF V3.5。为了获取分辨率较高的计算结果，并且尽可能减轻计算负担，使用三层嵌套的方式逐级增加区域的分辨率。嵌套区域的设置充分考虑了周边大地形和重点天气、气候系统，并尽量避免模拟中跨越气候特征或地理特点相差巨大的区域。从外到内各相邻嵌套层的分辨率比例取 3∶1。

模式区域中心设定为 30°22′N、99°50′E，最外层网格分辨率为 27km，格点数为 203×199，包括了影响中国大陆的主要气象系统，主要有西伯利亚高压、副热带高压西缘和孟加拉湾暖湿气流等；第二层网格分辨率为 9km，格点数为 241×235，包括了影响中国西南的主要天气系统和大地形，例如梅雨区的西南部、西南涡、青藏高原、黄土高原等；最内层网格分辨率为 3km，格点数为 241×289，包括了整个雅砻江流域。不同层级之间的网格设置为双向反馈关系，内层网格接受外部网格提供的初始场和边界场的同时也向外部网格反馈模式运行信息。雅砻江流域 WRF 模式垂向分 35 层，顶层气压为 50hPa。模型运行所需的地形等地面静态数据从 WRF 官方网站获取，模拟研究时初始场和边界场数据使用 NCEP 提供的 FNL 资料，其分辨率为 1°×1°，时间间隔为 6h，预报时则使用 NCEP 提供的 0.5°×0.5°GFS（Global Forecasting System）的全球预报场资料作为模式的初始场和侧边界场，其时间间隔为3h。模式积分步长设置为90s，每1h输出一次模拟结果。

雅砻江流域WRF模式参数初始配置见表2-1。选择了对降水预报影响较大的云微物理参数化方案和积云对流参数化方案作为优化组合对象，这两类物理方案的具体配置将在后文介绍。需要说明的是，在模式最内层3km分辨率网格下已无须设置积云对流参数化方案，因此仅在外面两层嵌套区域进行该方案的设置。

表2-1   雅砻江流域WRF模式参数初始配置

配 置 类 别	配 置 取 值
动力框架	Non-hydrostatic
驱动数据	NCEP FNL
驱动数据间隔	6h
网格划分	Domain 1：（203×199）×35 Domain 2：（241×235）×35 Domain 3：（241×289）×35
分辨率	Domain 1：27km×27km Domain 2：9km×9km Domain 3：3km×3km
覆盖区域	26.5°N～34°N，97°E～104°E
地图投影	Mercator
水平网格系统	Arakawa-C grid
积分步长	90s
垂直坐标系统	Terrain-following hydrostatic pressure Vertical co-ordinate with 35 vertical levels
时间差分方案	3rd order Runga-Kutta Scheme
空间差分方案	6th order center differencing
边界层方案	YSU
云微物理参数化方案	待定
积云对流参数化方案	待定
陆面模式方案	Noah land surface scheme
长波辐射方案	RRTM scheme
短波辐射方案	Dudhia scheme

依托中国水利水电科学研究院流域水循环模拟与调控国家重点实验室，基于高性能服务器构建了集群计算环境，并实现了WRF在其上的移植，保证了模式的高效运行。该计算平台共有6个节点，包括1个调度节点和5个计算

节点。每个节点 CPU 核心数达 24 颗，内存容量为 47GB。进行业务预报时，可利用 Shell 脚本每天定时从 NCEP 下载 GFS 数据作为 WRF 模式的初始场和侧边界场，并自动启动模式运转。在高性能计算平台上，资料下载与模式运转大约需要 6h，另外 GFS 数据的网络更新有一定的延迟，根据当前数据条件和平台计算能力，可提供最小间隔为 6h 的滚动降水预报。

2.2.3　雅砻江 WRF 模式参数化方案优化组合

WRF 模式不同参数化方案组合在不同地区的适用性有较大差异，对模拟结果影响较大。为了实现 WRF 模式在雅砻江流域的参数本地化，基于参数化方案优化组合方法及构建的评价指标体系，对各方案模拟结果进行了详细对比分析，最终结合定性与定量的评价手段，对参数化方案进行了优选。

2.2.3.1　参数化方案组合及实验设计

雅砻江流域雨量站分布极为不均，大部分雨量站集中在流域下游，根据实际情况，选取雅砻江下游作为方案优选的研究区域，如图 2-4 所示。

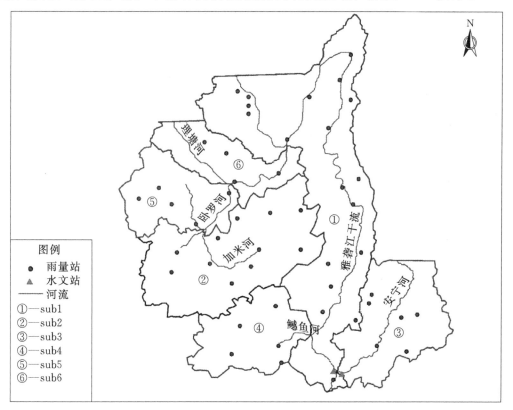

图 2-4　雅砻江下游水系与站点分布示意图

（参见文后彩图）

由图 2-4 可知，将下游划分为 6 个子流域，分别为雅砻江干流流域、加米河流域、安宁河流域、鳡鱼河流域、卧罗河流域和理塘河流域，为了便于讨论将这 6 个流域分别编码为 sub1、sub2、sub3、sub4、sub5 和 sub6，并标于图上。评价过程中用到的地面观测数据，来自图 2-4 标示的雨量站点。

选取 3 场典型降水过程，采用 WRF V3.5 中 7 种不同的云微物理参数化方案和 3 种不同的积云对流参数化方案进行降水模拟，现对 3 场降水过程介绍如下。

1. 降水过程 1

2005 年 9 月 22 日，在西昌市附近出现了低压中心，伴随西北高空急流，雅砻江下游的广大地区形成了较为有利的强降水环境。该次大范围降雨事件持续时间超过 5d，属于雅砻江流域汛期常见的强降雨类型，其最大 24h 降水量在阿比里自动雨量站测得，达到了 123.8mm/d。该次降雨导致安宁河出现洪峰，洪峰流量达到 1270m³/s，占当时干流流量的 1/3。

2. 降水过程 2

因受副热带高压边缘西进的影响，该次降水过程包含了多个对流系统，主要降雨时间从 2005 年 7 月 7 日持续到了 2005 年 7 月 11 日。这次降雨事件中，普威雨量站观测到了最大 24h 暴雨，达 57mm/d。这次降雨事件造成了小得石 5960m³/s 的洪峰流量，且从开始涨水到洪峰仅历时 48h。

3. 降水过程 3

除流域性的大范围强降雨会造成较大洪水外，局部或区域暴雨也可能导致较为严重的洪水灾害，因此在评价中加入了降水过程 3。该次降水事件是持续时间较短的区域性暴雨，仅包含一个明显的降雨中心，但由于其局域降水量较大，且降水路径与径流方向一致，因此也产生了较为明显的洪水过程。该降水事件从 2006 年 6 月 27—29 日结束，持续了 3d，其最大 24h 降雨量在金河站被监测到，达到 62.7mm/d。该场降水在打罗站（二滩水库入库水文站）形成了 2400m³/s 的洪峰流量。

选取上述 3 场降水过程以及 WRF 模式常用的 7 种云微物理参数化方案和 3 种积云对流参数化方案，实验设计见表 2-2。

表 2-2　　　　　　　　　实 验 设 计 表

配 置 类 别	配 置 取 值
驱动数据	NCEP FNL
开始时间	(1) 00 UTC September 21, 2005 (2) 00 UTC July 6, 2005 (3) 00 UTC June 24, 2006

续表

配　置　类　别	配　置　取　值
结束时间	(1) 00 UTC September 27，2005 (2) 00 UTC July 11，2005 (3) 00 UTC July 1，2006
云微物理参数化方案	(1) Kessler scheme（Kessler） (2) Lin et al. scheme（Lin） (3) Single – Moment 3 – class scheme（WSM3） (4) Single – Moment 5 – class scheme（WSM5） (5) Ferrier scheme（Ferrier） (6) Single – Moment 6 – class scheme（WSM6） (7) New Thompson et al. scheme（NTH）
积云对流参数化方案	(1) Kain – Fritsch（KF） (2) Betts – Miller – Janjic（BMJ） (3) Grell – Devenyi（GD）

可见，针对每场降水事件，均有 21 种不同的参数化方案组合，3 场降水事件共需要进行 63 次模拟。需要注意的是：区域 1、区域 2 和区域 3 所用的参数化方案保持一致。但由于在模式最内层分辨率达到了 3km，无须积云对流参数化方案，因此仅在外层的区域 1 和区域 2 对该方案进行设置。

2.2.3.2　不同参数化方案组合的模拟结果评价

基于 2.1 节构建的评价指标体系，分别对 3 场降水过程的模拟结果做面尺度评价和点尺度评价。这种评价方式能够分项、定量地给出各方案组合的优势和不足，为研究和业务人员提供更为全面的评价信息。另外，为了使评价过程更具现实意义，在现有评价体系的基础上，加入了计算耗时作为一项附加指标，这为设备受限情况下的模式应用提供了一定的参考。

1. 降水过程 1

利用 WRF 模式 21 种不同的参数化方案组合对降水过程 1 进行模拟，并将 51 个站点的监测数据使用 Cressman 算法插值到 WRF 模式最内层 3km 格网中，根据 *PERCENT* 与 *RMSE* 计算公式及模型计算消耗时间，针对整个研究区获得相应指标的评价结果，见表 2-3～表 2-5。

表 2-3　　　　　降水过程 1 的 21 组模拟 *PERCENT* 评价结果　　　　　　%

参数	*PERCENT*							平均
	Kessler	Lin	WSM3	WSM5	Ferrier	WSM6	NTH	
KF	43.8	74.8	87.9	64.3	85.3	61.8	74.6	70.4
BMJ	46.5	52.1	74.3	47.7	71.3	56.6	60.0	58.4

参数	PERCENT							平均
	Kessler	Lin	WSM3	WSM5	Ferrier	WSM6	NTH	
GD	40.8	74.9	86.9	83.5	104.7	82.2	82.2	79.1
平均	43.7	67.3	83.0	65.2	87.1	66.9	72.3	

表 2-4　　　　　　　降水过程 1 的 21 组模拟 RMSE 评价结果　　　　单位：mm

参数	RMSE							平均
	Kessler	Lin	WSM3	WSM5	Ferrier	WSM6	NTH	
KF	19.5	12.7	12.7	12.3	11.6	12.5	12.3	13.4
BMJ	19.6	13.7	10.6	13.4	12.3	13.0	12.8	13.6
GD	19.2	12.5	10.6	12.3	11.4	12.9	12.0	12.9
平均	19.4	13.0	11.2	12.7	11.8	12.8	12.4	

表 2-5　　　　　　　降水过程 1 的 21 组模拟计算时间评价结果　　　　单位：min

参数	计 算 时 间							平均
	Kessler	Lin	WSM3	WSM5	Ferrier	WSM6	NTH	
KF	519	701	540	616	579	683	771	630
BMJ	520	705	533	611	584	678	776	630
GD	523	703	535	605	583	681	774	629
平均	521	703	536	611	582	681	774	

由表 2-3 可知，虽然 21 种不同参数化方案组合得到的面降雨量与观测值的比值（PERCENT）存在较大的差异，但仍然可以得到一些一般性的结论。从微物理方案来看，使用 Kessler、Lin、WSM5 和 WSM6 的模拟具有低估降雨量的趋势。当考察三种积云参数化方案时，从表 2-3 中可以发现使用 GD 方案的模拟雨量最多，而相应地使用 BMJ 方案的模拟雨量最少。表 2-4 展现了与表 2-3 相似的结果。由于 Kessler 模拟的雨量与实测值相差（低估）最多，因此表 2-4 中 Kessler 的平均 RMSE 值在 7 种微物理方案中相应的也是最高的。表 2-5 记录了针对降水过程 1 的 21 组模拟的模式运行时间，该时间是在 WRF 模式独占计算资源的情况下记录的。由表 2-5 可知模式计算时间主要取决于微物理方案的复杂程度，一般来说，越复杂的微物理方案可描述的大气现象越多，相应的计算时间也会越长。

为了进一步对表现较好的参数化方案组合在降雨空间分布模拟中的表现

进行评价，根据表 2-3 和表 2-4，获取各方案组合在 *PERCENT* 和 *RMSE* 评价中的单项排名，并以算数平均的形式计算两指标的综合排名。由综合排名可知，WSM3 & GD、WSM3 & BMJ、Ferrier & KF、Ferrier & GD 和 NTH & GD 5 个方案组合表现较其他方案相对更好，见表 2-6。将针对这 5 个参数化方案组合做进一步的比较和分析。

表 2-6   降水过程 1 的 21 组模拟 *PERCENT* 评价排名、
RMSE 评价排名与综合排名

MPS	CPS	*PERCENT* 评价排名	*RMSE* 评价排名	综合排名
Ferrier	GD	1	3	1
WSM3	GD	3	1	1
Ferrier	KF	4	4	3
NTH	GD	7	5	4
WSM3	BMJ	11	2	5
WSM5	GD	5	10	6
WSM3	KF	2	16	7
NTH	KF	10	8	7
WSM5	KF	13	7	9
Lin	GD	8	13	10
Ferrier	BMJ	12	9	10
WSM6	GD	6	18	12
Lin	KF	9	15	12
WSM6	KF	14	12	14
Kessler	GD	21	6	15
Kessler	KF	20	11	16
NTH	BMJ	15	17	17
Kessler	BMJ	19	14	18
WSM6	BMJ	16	19	19
Lin	BMJ	17	21	20
WSM5	BMJ	18	20	20

针对 WSM3 & GD、WSM3 & BMJ、Ferrier & KF、Ferrier & GD 和 NTH & GD 5 个参数化方案组合，绘制降水过程 1 实测与模拟总降水量空间分布对比，如图 2-5 所示。其中图 2-5（a）为实测降水分布，图 2-5（b）为使用 WSM3 & GD 方案组合得到的模拟降水分布，图 2-5（c）为使用

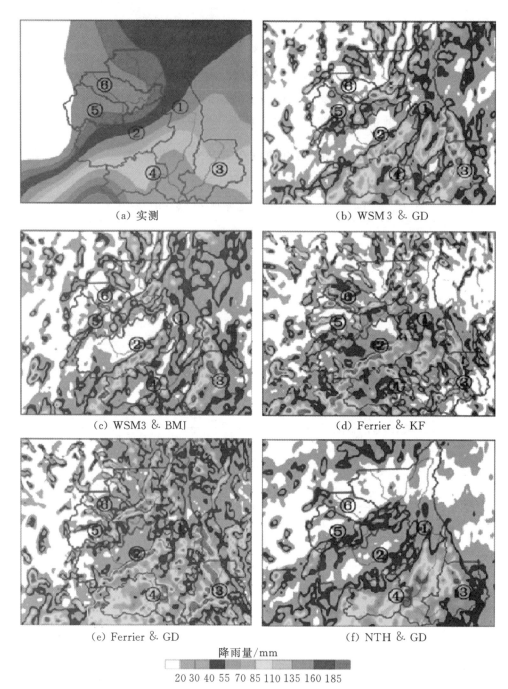

（a）实测　　　　　　　　　　　　　　（b）WSM 3 & GD

（c）WSM3 & BMJ　　　　　　　　　　　（d）Ferrier & KF

（e）Ferrier & GD　　　　　　　　　　　（f）NTH & GD

降雨量/mm

20 30 40 55 70 85 110 135 160 185

图 2 - 5　降水过程 1 实测与模拟总降水量空间分布对比图

（参见文后彩图）

WSM3 & BMJ 方案组合得到的模拟降水分布，图 2 - 5（d）为使用 Ferrier &
KF 方案组合得到的模拟降水分布，图 2 - 5（e）为使用 Ferrier & GD 方案组
合得到的模拟降水分布，图 2 - 5（f）为使用 NTH & GD 方案组合得到的模

拟降水分布。

由图 2-5 可知，5 种参数化方案组合均成功模拟出了位于研究区南部的舌状降雨集中区，但 5 个累积降水模拟结果在细节上仍然存在较大的差异。对比 WSM3 & GD 方案组合模拟结果与实测图 2-5（a）可发现，WSM3 & GD 方案组合成功地模拟出了位于研究区南部边界偏西的降雨极值区，与其他 4 种方案组合对比发现 WSM3 & GD 方案组合在雨量整体分布情况上与实测值最为接近。虽然 WSM3 & BMJ 的模拟结果与 WSM3 & GD 的模拟结果相似程度较高，但其降雨量小于 WSM3 & GD，并且未能正确地模拟出研究区域西南边界上的降水极值区。方案组合 Ferrier & KF［图 2-5（d）］和 Ferrier & GD［图 2-5（e）］模拟的降水在空间上呈现较为分散的特征，且 Ferrier & GD 模拟的强降水区范围要大于 Ferrier & KF 模拟的范围。NTH & GD 方案组合模拟的强降水区（降水量大于 185mm）较其他方案组合更加集中，但未能正确模拟出实测图中的降雨极值区。此外，5 个方案组合模拟的累积降水分布图［图 2-5（b）～图 2-5（f）］中都存在一些实测图 2-5（a）中未出现的强降水中心，这既可能是模式误报造成的，也可能是由于雨量站点较为稀疏造成的。综上所述，不同的参数化方案在累积降水分布模拟中表现出了不同的技巧，但总体而言 WSM3 & GD 方案要优于其他方案。

对于降水过程 1 的模拟，WSM3 & GD、WSM3 & BMJ、Ferrier & KF、Ferrier & GD 和 NTH & GD 5 种参数化方案组合在子流域上的表现也呈现较大差异。图 2-6 绘制了 6 个子流域及整个研究区（Domain）的 *PERCENT* 指标值。由图 2-6 可知，Ferrier & GD 方案组合在整个研究区模拟降水量是观测值的 105%，同时它也是 5 种方案组合中唯一的模拟降水量超过观测值的方案组合（见图 2-6）。其他 4 种方案组合得到的模拟值占观测值的百分比分别是：WSM3 & GD 为 87%，WSM3 & BMJ 为 74%，Ferrier & KF 为 85%，NTH & GD 为 82%。可见，Ferrier & GD 方案组合的模拟降水总量与观测值最为接近。然而，在子流域中各方案组合的表现与在整个研究区中的表现并不一致。例如，在子流域 sub1、sub2、sub5 和 sub6 上，WSM3 & GD 组合的表现优于其他方案组合，在数值上与实测值最为接近。同时，在这 4 个子流域上，Ferrier & GD 组合对降水量做了过高的估计。但在实测降水量最多的两个子流域——sub3（100mm）和 sub4（127mm），所有方案组合均低估了降水量。此外，按照实测降水量的大小将各子流域从小到大进行排序：sub6（29mm）、sub5（32mm）、sub1（52mm）、sub2（55mm）、sub3（100mm）和 sub4（127mm），分别统计该子流域中模拟值超过实测值的参数化方案组合数量为 3、2、2、1、0 和 0。由此可得到一般性结论为：当降水量较小时 WRF 模式高估降水量的可能性较大，而当降水量较大时，WRF 模式则容易呈现整体低估的特征。进一步对微物理方案相同而积云对流参数化方案不同的 WSM3 & GD、WSM3 & BMJ 和 Ferrier & KF、Ferrier & GD 进行比较，发现积云对流参数化方案与 WSM3 配合时，GD 比 BMJ 模拟的降水量更多且更接近于观测值，这说明相对于 BMJ 而言，GD 更适合与 WSM3 组合。从 Ferrier & KF 和 Ferrier & GD 的讨论中，同样可以得知 GD 比 KF 方案更适合与 Ferrier 进行组合模拟。此外，在面雨量评价中表现最优的 5 个方案组合中有 3 个存在 GD 方案。可见，对降水过程 1 而言，GD 的表现较为稳定。

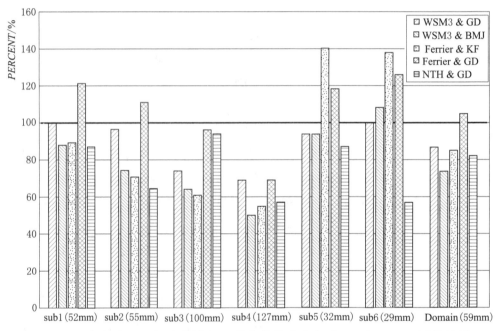

图 2-6　降水过程 1 各子流域上 5 种参数化方案组合 *PERCENT* 评价结果

根据各子流域及研究区的均方根误差，绘制图 2-7。由图 2-7 可知，WSM3 & GD 方案组合的 *RMSE* 值（10.3mm）在整个研究区最小，紧随其后的是 WSM3 & BMJ 方案组合的 10.6mm。在挑选出的 5 个方案组合中，NTH & GD 在整个研究区上的表现是最差的，其 *RMSE* 值高于其他 4 个组合并达到了 12mm。从 *RMSE* 指标评价的角度，即便 WSM3 & GD 方案组合在整个研究区的模拟降水量较实测值低估了将近 13%，但该组合在降水空间分布模拟方面是挑选出的 5 个方案组合中最为精确的。由图 2-6 可知，Ferrier & KF 和 NTH & GD 方案组合在 sub4 上得到了极为相近的模拟结果，分别为 55% 和 57%，在 sub4 的 *RMSE* 评价中，两种方案的评价结果在数值上均为 20mm，可据此推断这两种方案组合在降雨量模拟和空间分布模拟中具有相似的表现。这种结论在图 2-6 和图 2-7 的其他子流域中也基本适用。在子流域的 *RMSE* 评价中，WSM3 & BMJ 方案组合与 WSM3 & GD 方案组合继续保持了较好的表现，这两种方案组合不仅在降水量较小的子流域（sub1，sub2，sub5 和 sub6）精度较高，在降水量最多的 sub4 中也是精度最高，这说明了两个方案组合的稳定性较高。此外，各方案组合在各子流域的 *RMSE* 值随着流域实测降水量的增加而有变大的趋势，这说明 WRF 模式对高量级降水预报误差较大。

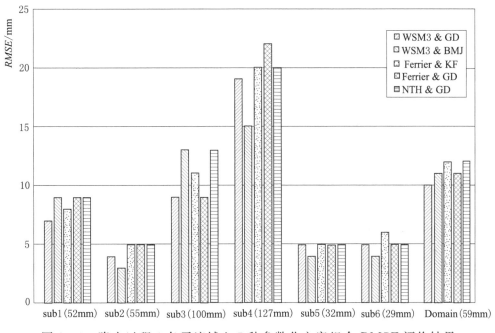

图 2-7　降水过程 1 各子流域上 5 种参数化方案组合 *RMSE* 评价结果

基于 *POD*、*FAR*、*BIAS* 和 *ETS*，分 10mm、15mm 和 25mm 3 个阈值，对降水过程 1 的点雨量模拟情况进行了评价，具体见表 2-7。洪水预报成功的前提是对致洪暴雨的准确探测，因此探测率指标 *POD* 显得尤为重要，为了缩小讨论范围并加强针对性，表 2-7 仅列出了 *POD* 在 3 个阈值上均大于或等于 0.6 的方案组合。与面雨量评价结果类似，表 2-7 给出的评价结果也说明了 WSM3 & GD 方案组合的模拟效果较好。在面雨量评价中，由于 WSM3 & GD 与 Ferrier & GD 比其他方案组合模拟了更多的降水，因此其 *POD* 与 *BIAS* 指标值相应的也较其他方案要高。然而，在其他指标评价上，WSM3 & GD 与 Ferrier & GD 仍然存在不小的差异。Ferrier & GD 的 *FAR* 指标值大于其他方案组合，空报现象较为严重，而 WSM3 & GD 方案组合在 3 个阈值上

的 FAR 指标值均较低，且 ETS 指标值相应的较高。可见，虽然在总雨量预报中 WSM3 & GD 与 Ferrier & GD 方案组合表现较为一致，但在点雨量预报中，WSM3 & GD 要明显优于 Ferrier & GD 方案组合。表 2-7 中，WSM3 & BMJ 方案组合在 10mm 和 15mm 两个阈值上的 FAR 值（0.07 和 0.08）是最低的，但该方案组合在 25mm 阈值上的探测率未能达到 0.6，说明该方案对较高量级降水的探测能力不足。从 ETS 这一综合评价指标来看，在 25mm 阈值上 WSM3 & GD 的评价结果是最好的，达到了 0.56，这说明 WSM3 & GD 的组合在较大量级降水预报中具有更多的优势。除在预报精度方面表现优异外，WSM3 & GD 方案组合的计算效率也较高，见表 2-5。

表 2-7 降水过程 1 点尺度降水评价结果（$POD \geqslant 0.6$）

MPS	CPS	阈值/mm	POD	FAR	BIAS	ETS
Lin	KF	10	0.66	0.14	0.77	0.45
WSM3	KF	10	0.74	0.15	0.86	0.51
		15	0.70	0.13	0.80	0.53
		25	0.66	0.15	0.77	0.52
	BMJ	10	0.75	0.07	0.81	0.59
		15	0.69	0.08	0.75	0.55
	GD	10	0.69	0.11	0.78	0.50
		15	0.68	0.10	0.75	0.53
		25	0.67	0.11	0.75	0.56
WSM5	GD	10	0.69	0.23	0.9	0.41
		15	0.64	0.18	0.78	0.44
		25	0.61	0.18	0.74	0.47
Ferrier	KF	10	0.69	0.16	0.83	0.46
	BMJ	10	0.65	0.15	0.76	0.44
	GD	10	0.78	0.2	0.97	0.49
		15	0.65	0.25	0.87	0.40
		25	0.72	0.17	0.87	0.56
NTH	GD	10	0.66	0.2	0.82	0.41

通过以上针对降水过程 1 的面雨量评价和点雨量评价可知，不同组合方案在不同的指标评价上表现出了不同的预报技巧，但相对而言，WSM3 & GD 方案组合无论是对面上总雨量还是对点上不同阈值 24h 降水过程的模拟均表

现较好且稳定性较高。

2. 降水过程 2

利用 WRF 模式 21 种不同的参数化方案组合对降水过程 2 进行模拟，并将 51 个站点的监测数据使用 Cressman 算法插值到 WRF 模式最内层 3km 格网中，根据 *PERCENT* 与 *RMSE* 计算公式，针对整个研究区获得相应指标的评价结果见表 2-8 和表 2-9。由 *PERCENT* 和 *RMSE* 评价结果可知，在 21 种参数化方案组合中，除 Kessler & KF、Kessler & BMJ 和 Kessler & GD 以外，其他组合方案均能较准确地对该场降水的面雨量进行模拟。在降水过程 2 中，整个研究区 4d 的降水量为 79mm，其中 16 个方案组合的模拟结果在 59mm（74.6%）和 118mm（150.0%）之间。此外，表 2-9 中各方案组合的 *RMSE* 值，除 Kessler & KF、Kessler & BMJ 和 Kessler & GD 以外，均相差不大，并且表现出了与 *PERCENT* 评价类似的结果。由此可见，多数方案组合对该场降水过程均表现出了较高的预报水平。因此，省略了对该场降水面雨量进一步的讨论过程，而直接对模式的点降水过程进行评价。

表 2-8　　　　　降水过程 2 的 21 组模拟 *PERCENT* 评价结果　　　　　%

参数	PERCENT							平均
	Kessler	Lin	WSM3	WSM5	Ferrier	WSM6	NTH	
KF	2.0	99.8	95.0	74.6	112.1	81.3	49.6	73.5
BMJ	2.7	150.0	103.8	102.8	128.9	108.5	114.4	101.6
GD	35.4	66.6	80.0	86.2	97.2	89.4	114.9	81.4
平均	13.4	105.5	92.8	87.9	112.8	93.1	93.0	

表 2-9　　　　　降水过程 2 的 21 组模拟 *RMSE* 评价结果　　　单位：mm

参数	RMSE							平均
	Kessler	Lin	WSM3	WSM5	Ferrier	WSM6	NTH	
KF	33.3	19.5	20.2	15.0	18.7	15.1	16.9	19.8
BMJ	33.0	19.4	18.9	14.6	20.4	14.5	15.3	19.4
GD	27.2	14.3	15.4	14.9	18.9	15.2	18.7	17.8
平均	31.1	17.8	18.2	14.8	19.3	14.9	17.0	

针对 51 个地面观测站的点尺度雨量评价结果见表 2-10（与降水过程 1 相同，仅列出 *POD* ≥0.6 的方案组合）。与面雨量评价结果类似，多数方案组合均表现出了较为一致的预报效果，但不同的评价指标模式仍然存在一定的差异。例如，Lin & BMJ 方案组合对降水过程 2 模拟的总降水量是最多的，

达到了 118mm，这使得该组合在各阈值上的 POD 和 FAR 值均较高。事实上，Lin & BMJ 是唯一的在 3 个阈值上 POD 均超过 0.8 的方案组合，其平均 FAR 指标值也高于表 2－10 中的其他方案组合。然而，当 Lin 方案与 GD 方案组合后，其模拟结果与其他方案组合相比却具有最低的 FAR 指标值。WSM3 & GD 方案组合在 FAR 指标上的表现仅次于 Lin & GD，且其在 POD 指标的评价中优于 Lin & GD。在针对 $BIAS$ 指标的评价中，Lin & BMJ 方案组合在 3 个阈值上的平均值较其他方案组合更加接近于 1，但考虑其 POD 与 FAR 值均较其他方案组合要高，说明该方案组合空报现象与漏报现象同样严重。在表 2－10 中，WSM6 & BMJ 方案组合在 3 个阈值上的平均 ETS 值是最高的，并且是 25mm 阈值上唯一超过 0.4 的方案组合，紧随其后的是 NTH & BMJ 方案组合。在降水过程 1 中被证明是最优组合的 WSM3 & GD 在 ETS 指标评价中略差于 WSM6 & BMJ、NTH & BMJ 和 Lin & BMJ，但考虑到 WSM3 & GD 的 FAR 指标值与其他方案相比较低且表现稳定，因此其总体表现是可以接受的。

表 2－10　　　　　降水过程 2 点尺度降水评价结果（$POD \geqslant 0.6$）

MPS	CPS	阈值/mm	POD	FAR	BIAS	ETS
Lin	KF	10	0.69	0.05	0.73	0.29
		15	0.66	0.12	0.75	0.27
		25	0.67	0.21	0.85	0.36
	BMJ	10	0.89	0.12	1.01	0.35
		15	0.86	0.14	1.00	0.42
		25	0.83	0.25	1.11	0.42
	GD	10	0.74	0.03	0.77	0.36
		15	0.64	0.05	0.68	0.32
		25	0.56	0.05	0.59	0.39
WSM3	KF	10	0.69	0.09	0.76	0.24
		15	0.68	0.12	0.76	0.28
	BMJ	10	0.72	0.11	0.81	0.22
		15	0.73	0.13	0.84	0.3
	GD	10	0.74	0.06	0.78	0.36
		15	0.70	0.05	0.74	0.38
		25	0.66	0.14	0.77	0.41

MPS	CPS	阈值/mm	*POD*	*FAR*	*BIAS*	*ETS*
WSM5	KF	10	0.78	0.06	0.83	0.37
		15	0.68	0.09	0.75	0.32
	BMJ	10	0.84	0.08	0.91	0.39
		15	0.80	0.13	0.92	0.37
		25	0.70	0.21	0.89	0.38
	GD	10	0.78	0.05	0.83	0.38
		15	0.70	0.10	0.77	0.32
		25	0.65	0.11	0.73	0.43
Ferrier	KF	10	0.78	0.06	0.83	0.36
		15	0.76	0.11	0.86	0.36
		25	0.74	0.21	0.94	0.41
	BMJ	10	0.80	0.10	0.89	0.30
		15	0.79	0.13	0.91	0.35
		25	0.74	0.28	1.03	0.33
	GD	10	0.75	0.07	0.81	0.32
		15	0.67	0.07	0.72	0.32
WSM6	KF	10	0.78	0.04	0.81	0.40
		15	0.70	0.07	0.75	0.35
	BMJ	10	0.89	0.08	0.96	0.45
		15	0.82	0.12	0.93	0.40
		25	0.75	0.22	0.97	0.40
	GD	10	0.76	0.04	0.79	0.37
		15	0.68	0.06	0.72	0.35
NTH	KF	10	0.68	0.05	0.71	0.27
	BMJ	10	0.90	0.08	0.98	0.47
		15	0.80	0.13	0.92	0.36
		25	0.74	0.22	0.95	0.40
	GD	10	0.82	0.09	0.90	0.35
		15	0.75	0.13	0.86	0.32
		25	0.66	0.26	0.89	0.31

3. 降水过程 3

根据降雨产流机制，局地暴雨虽然降水总量不大，但由于其短历时降水强度大，且降水较为集中，往往会形成洪峰并导致较大的洪水灾害。因此，除雅砻江流域典型的大范围强降水天气系统外，这种局地暴雨也是需要考虑的。因此将降水过程3引入讨论，该降水过程与降雨过程1和降雨过程2的不同在于其内部只存在一个较为明显的从研究区东北向西南移动的暴雨单体。由于该场暴雨的影响范围有限且历时较短，因此其总降水量少于前两个降水过程。为了验证WRF模式对该场降水从无到有再到消亡的这一过程的模拟能力，对暴雨发生前的两天与结束后的一天也进行评价。

降水过程3落在研究区内的总雨量为55mm，WRF模式针对面上总雨量的 *PERCENT* 指标计算结果见表2-11。微物理方案Kessler的表现仍然是最差的，该方案与其他3种积云对流参数化方案的组合严重低估了落在研究区的总降水量，分别为5.5%、8.1%和3.6%，这可能是Kessler对降水过程的描述较为简单及该地区地形较为复杂共同作用的结果。物理方案WSM3的整体表现仍然较好，其与3个积云对流参数化方案组合的平均 *PERCENT* 指标值为最高的96.5%，但具体结果却相差较大，其中WSM3 & KF与WSM3 & GD低估了降水总量而WSM3 & BMJ则较多地高估了降水总量。方案组合NTH & KF的 *PERCENT* 指标表现最好，但NTH & GD却仅有66.2%，可见降水过程3中微物理方案对积云对流参数化方案的敏感性较过程1更强，这可能是由于该场降水的局地对流特征较为复杂造成的。虽然在降水过程2中，方案GD的整体表现较差，平均值为61.9%，但与WSM3的组合却表现较好，*PERCENT* 值达到了86.1%，这与降水过程1和降水过程2反映的情况是一致的，说明了WSM3与GD组合的表现较为稳定。

表2-11　　　　　降水过程3的21组模拟 *PERCENT* 评价结果

参数	PERCENT/%							平均
	Kessler	Lin	WSM3	WSM5	Ferrier	WSM6	NTH	
KF	5.5	62.0	83.4	71.2	82.4	85.3	97.6	69.6
BMJ	8.1	75.5	120.1	109.3	139.3	74.7	117.4	92.1
GD	3.6	66.3	86.1	78.1	52.2	80.9	66.2	61.9
平均	5.7	67.9	96.5	86.2	91.3	80.3	93.7	

从 *RMSE* 指标评价结果来看，由于Kessler对总降水量预报的失败，其 *RMSE* 值也是最高的，平均值达到了22.5mm。由此可见，Kessler方案对3场降水的模拟是完全失败的，可以推断其并不适合雅砻江流域的降水模拟，但该方案却是WRF模式中的默认方案，因此在应用WRF模式进行研究或业务预报前，对各参数化方案进行优选是极为必要的。其他方案均表现出了一定的预报技巧，其中WSM3方案的总体表现仍然是最优的，且WSM3 & GD

方案组合的 *RMSE* 在各组合中是最低的，说明了 WSM3 & GD 能够更真实地模拟总降水量的分布情况。此外，方案组合 WSM3 & GD 成功模拟了降水过程 3 中降水单体移动的过程。图 2-8 记录了 WSM3 & GD 方案组合从 2006

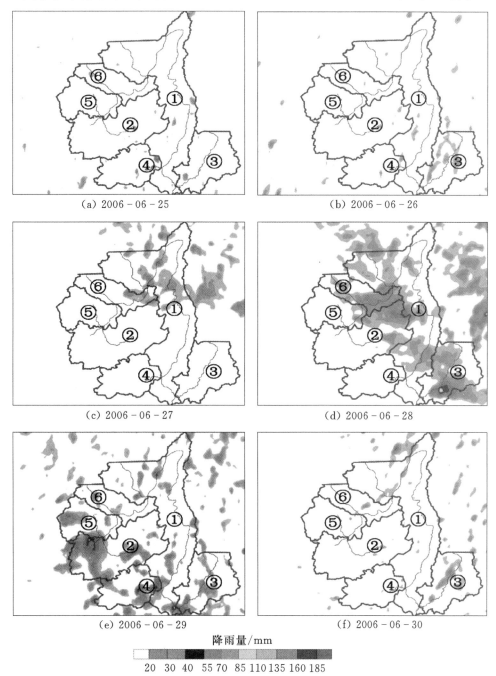

降雨量/mm

20 30 40 55 70 85 110 135 160 185

图 2-8 WSM3 & GD 方案组合对降水过程 3 的日降水模拟

(参见文后彩图)

年 6 月 25—30 日共 6d 的日降水分布情况。在 6 月 25 日［图 2-8 (a)］与 6 月 26 日［图 2-8 (b)］几乎未产生降水，而 6 月 27 日［图 2-8 (c)］开始在研究区的东北方向产生了强度较大的降水现象。至 6 月 28 日［图 2-8 (d)］，该场降水强度进一步加大，同时其降水范围也较之前有所扩大。当进入第 6 天后［图 2-8 (e)］，该场降水在向西南方向推进的过程中逐渐消退，并在 2006 年 6 月 30 日［图 2-8 (f)］完全消失。

与降水过程 1 处理方法类似，根据表 2-11 和表 2-12 挑选整体表现较优的 5 个方案组合作进一步的面雨量评价，这 5 个方案组合分别为 WSM3 & GD、WSM3 & KF、NTH & KF、WSM6 & KF 和 WSM5 & BMJ。与降水过程 1 相比，积云对流参数化方案 GD 未能表现出类似的优势，相反 KF 方案表现较好，且 WSM3 & GD 是唯一在这两场降水中同时进入前 5 位的参数化方案组合，进一步证明了该方案组合表现的稳定性。此外，NTH 微物理方案在降水过程 1 和降水过程 2 中也均有较好的表现。

表 2-12　　　　　　　　　降水过程 3 的 21 组模拟 *RMSE* 评价结果

参数	*RMSE*/mm							平均
	Kessler	Lin	WSM3	WSM5	Ferrier	WSM6	NTH	
KF	22.5	11.0	10.9	11.4	12.2	11.2	11.3	12.9
BMJ	22.2	12.3	11.1	11.4	14.2	11.0	12.0	13.5
GD	22.8	11.1	10.0	11.6	11.4	12.1	10.6	12.8
平均	22.5	11.5	10.7	11.5	12.6	11.4	11.3	

为了进一步区分 5 种方案组合在不同子流域上的表现，图 2-9 和图 2-10 分别对上述 5 种方案组合在 6 个子流域和研究区的 *PERCENT* 和 *RMSE* 评价结果进行了展示。如图 2-9 所示，各方案对于降水量较小的子流域有高估降水的趋势，反之则有低估降水的趋势，这与降水过程 1 的评价结果类似。子流域 sub1 不仅在该场降雨中降水量最多（64mm），而且降水强度最大（金河雨量站为 63.7mm/d），这使得 5 个方案组合对 sub1 的降水模拟均存在低估的现象。WSM5 & BMJ 和 WSM3 & GD 是在 sub1 上表现最好的两个方案组合，*PERCENT* 指标值分别为 87% 和 86%。WSM3 & GD 方案组合在各子流域中的表现较为一致，变幅较小，但其低估降水的概率较大。NTH & KF 是 5 个方案组合中在整个研究区上模拟总降水量最接近实测值的一个，但其在 6 个子流域上的表现差异较大，例如 sub1 和 sub3 子流域严重低估，而在 sub2 和 sub4 两个子流域则表现为较为严重的高估，这说明该方案组合对该场降水

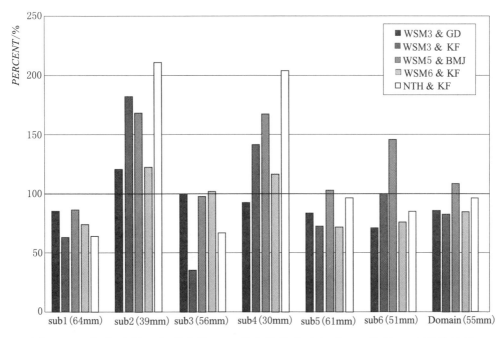

图 2-9　降水过程 3 各子流域上 5 种参数化方案组合 *PERCENT* 评价结果

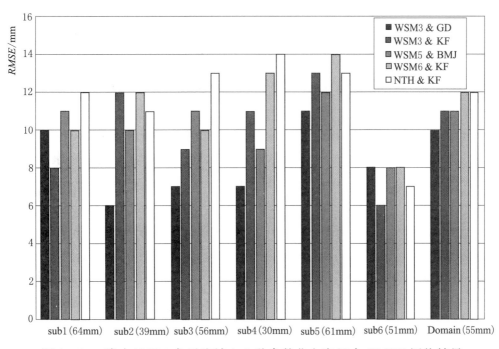

图 2-10　降水过程 3 各子流域上 5 种参数化方案组合 *RMSE* 评价结果

空间分布模拟的准确度较低。这种研究区总量模拟较准，但各子流域上表现差异较大的情况同样存在于 WSM3 & KF、WSM5 & BMJ 等方案组合。可见，保证降水模拟分布的准确性是 WRF 模式模拟的一大难点。

如图 2-10 和图 2-7 所示，降水过程 3 在各子流域及整个研究区的 *RMSE* 值要整体高于降水过程 1 的模拟结果，这主要是由于降水过程 3 的规模较小，降水集中且降水中心随时间推移而变化较大，这对各方案的精细化模拟能力提出了更高的要求。由图 2-10 可知，WSM3 & GD 方案组合在整个研究区上的 *RMSE* 值是最低的，代表其对降水总量和空间分布的模拟效果较好。WSM3 & GD 方案组合在子流域上的表现也较好，例如在 sub2、sub3、sub4 和 sub5 上均是 *RMSE* 值最低的方案组合。

由以上面雨量评价可得到以下结论：WSM3 & GD 在降水过程 3 中对研究区总降水量的模拟效果优于大多数方案组合（仅次于 WSM5 & BMJ），并且其在各子流域中的表现较为一致和稳定。此外，在 *RMSE* 评价中，WSM3 & GD 较其他方案组合更有优势。

与降水过程 1 和降水过程 2 类似，表 2-13 记录了 10mm、15mm 和 25mm 3 个阈值上的点雨量评价结果，该表同样只记录了 *POD* 高于 0.6 的方案组合。通过表 2-7、表 2-10 和表 2-13 的对比发现 3 张表中均包含了 WSM3 & GD、WSM5 & BMJ 和 NTH & KF 方案组合，说明这 3 类方案组合在探测率的表现上较为稳定和优秀。表 2-13 中，仅有 WSM3 & BMJ 和 WSM3 & GD 两个方案组合在 3 个阈值上的 *POD* 值均超过了 0.6，因此重点对这两个方案组合进行讨论。WSM3 & BMJ 方案组合在 25mm 阈值上的 *ETS* 值是最高的，达到了 0.54，但在 10mm 阈值上的 *ETS* 值却是表中最低的，仅有 0.26，这说明了该方案在不同量级降水中预报效果的不一致性较高。经分析发现，这种情况主要是由于 WSM5 & BMJ 方案组合高估降水的趋势较为明显，致使其 *POD*、*FAR* 和 *BIAS* 评价指标值较高造成的。表 2-13 中，WSM3 & GD 方案组合在 25mm 阈值上的 *ETS* 评价结果仅次于 WSM3 & BMJ，达到了 0.52，并且 WSM3 & GD 模拟结果的 *ETS* 评分在 10mm 和 15mm 两个阈值上是最高的，分别达到了 0.32 和 0.47。由以上分析可知，WSM3 & GD 方案组合在表 2-13 中的优势是显而易见的，且该方案在 3 个阈值上均保持了较高的 *POD* 值、较低的 *FAR* 值以及较高的 *ETS* 值。

综上所述：利用 7 种云微物理参数化方案和 3 种积云对流参数化方案的组合对 3 场雅砻江流域典型降水进行模拟，分面雨量评价和点雨量评价两个方面对 63 组运行实例进行效果评估，发现不同方案组合在点尺度降水过程和面尺度总降水量模拟中的差异较大，并且针对不同指标评价往往会得出不同的结论。

表 2 - 13　　　　　　降水过程 3 点尺度降水评价结果（$POD \geqslant 0.6$）

MPS	CPS	阈值/mm	POD	FAR	BIAS	ETS
Lin	BMJ	25	0.65	0.14	0.76	0.52
WSM3	BMJ	10	0.72	0.36	1.11	0.26
		15	0.66	0.37	1.03	0.31
		25	0.78	0.26	1.05	0.54
	GD	10	0.61	0.17	0.67	0.32
		15	0.62	0.1	0.69	0.47
		25	0.65	0.14	0.76	0.52
WSM5	BMJ	25	0.73	0.31	1.05	0.47
Ferrier	BMJ	15	0.67	0.35	1.03	0.33
		25	0.7	0.46	1.3	0.33
NTH	KF	25	0.65	0.29	0.92	0.43
	BMJ	25	0.7	0.28	0.97	0.47

2.2.3.3　不同参数化方案组合欧几里得贴近度评价

降水是水汽、高层动量、下垫面地形和热力作用等共同作用的结果，在雅砻江流域区域气候特征明显、地形复杂的情况下，模式参数化方案优选是研究成败的关键，因此对各参数化方案组合的表现进行多方面详细分析是很有必要的。基于分项指标的评价方法具有计算简单、针对性强、便于机理分析等优势，但其评价过程所遵循的基本规则是取最小取最大、强调极值的作用，容易造成信息丢失等问题。而且，由于涉及的评价指标较多，而各指标的评价标准往往较为模糊，因此评价结果容易受评价人知识背景、个人喜好和经验的影响，从而造成判断失误等。从模糊数学的角度出发，采用欧几里得贴近度对各方案组合进行评价，可以有效弥补分项指标评价的不足，并实现两者优势的结合，既能对方案组合在总降水量模拟、降水分布模拟、降水探测率、空报率等方面的表现进行详细分析和对比，明晰各方案的优势，为方案改进和预报方法创新提供数据支撑，又可以从总体表现效果上对 WRF 模式各方案组合给以定量评价。根据 2.1 节计算公式，将 $PERCENT$、$RMSE$、$\overline{POD}$、$\overline{FAR}$、$\overline{BIAS}$、$\overline{ETS}$ 6 个指标组成论域 $\mathbf{V} = \{PERCENT, RMSE, \overline{POD}, \overline{FAR}, \overline{BIAS}, \overline{ETS}\}$，根据隶属度函数及各指标的物理意义，设置 O 为论域 $\{1, 0, 1, 0, 1, 1\}$ 中的极值点，计算了 21 个方案组合距极值点的欧几里得贴近度，结果见表 2 - 14。

表 2 - 14　　　　　21 种方案组合的欧几里得贴近度

MPS	CPS	欧几里德贴近度	MPS	CPS	欧几里得贴近度
WSM3	GD	0.354	Lin	BMJ	0.405
WSM3	BMJ	0.364	NTH	GD	0.411
WSM3	KF	0.379	WSM5	BMJ	0.418
NTH	BMJ	0.382	WSM6	KF	0.425
Ferrier	KF	0.383	Lin	GD	0.426
Ferrier	GD	0.386	Lin	KF	0.442
Ferrier	BMJ	0.394	NTH	KF	0.451
WSM6	BMJ	0.400	Kessler	GD	0.640
WSM6	GD	0.401	Kessler	BMJ	0.706
WSM5	GD	0.403	Kessler	KF	0.723
WSM5	KF	0.404			

由贴近度计算结果可知，WSM3 & GD 方案组合与论域 V 中极值点 O 的欧几里得贴近度是最小的，表明该方案组合的总体表现最优。

2.3　雅砻江流域洪水预报模型研究

2.3.1　雅砻江流域洪水预报模型介绍

主要研究方案是采用不同的流域水文模型模拟雅砻江流域洪水，在此基础上，根据不同模型的特点对比预报结果，根据参数的统计意义和物理意义进行溯源分析，并进行归因分析，最终获取洪水的形成和传播机理。在此基础上优选出流域洪水的预报方案。模型方面主要从以下两个方面开展工作。

2.3.1.1　传统概念性预报模型改进

传统模型诸如新安江模型、水箱模型等概念性模型有着非常广泛的应用，本书从流域特点出发，在原有概念性模型结构的基础上改进模型结构和参数优化方案，充分利用目前丰富的遥感数据，对流域进行分区并分析参数的空间变异性。对不同的分区进行单独建模，构建流域的半分布式水文模型。

2.3.1.2　陆气耦合模式洪水预报

陆气耦合模式洪水预报主要是在分布式水文模型的基础上，研究数值天气模式分布式水文模型的时空耦合方法，实现同时空尺度的陆气耦合模式构建，并利用实测数据对耦合模式的可靠性进行检验分析。通过分析流域气象和下垫面资料，提取流域的空间变异性特征，并在此基础上建立参数库，应用不同的模型对不同河段和主要支流的洪水形成和传播机理进行分析研究，并对模型进行适应性改进。分布式水文模型主要采用 MIKE SHE 模型、SWAT（Soil and Water Assessment Tool）模型、VIC（Variable Infiltration Capacity）模型等。

1. MIKE SHE 模型

MIKE SHE 模型是在分布式流域水文模型 Système Hydrologique Européen（SHE）基础上发展而来的模型，包括截留与蒸散发模型、融雪模型、坡面汇流模型、河道汇流模型、饱和带和非饱和带模型及含水层、河道水量交换模型等。

2. SWAT 模型

SWAT 是由美国农业部（USDA）的农业研究中心 Jeff Arnold 博士 1994 年开发的。SWAT 模型采用日为步长连续计算，改进后可进行洪水预报计算，是一种基于 GIS 基础之上的分布式流域水文模型。该模型近年来得到了快速的发展和应用，主要是利用遥感和地理信息系统提供的空间信息模拟多种不同的水文物理化学过程。SWAT 模拟的水文循环基于水量平衡方程：

$$SW_t = SW_0 + \sum_{i=1}^{t} (R_{day} - Q_{surf} - E_a - W_{seep} - Q_{gw})$$

式中：SW_t 为土壤最终含水量，mm；SW_0 为第 i 天的土壤初始含水量，mm；t 为时间，d；R_{day} 为第 i 天的降水量，mm；Q_{surf} 为第 i 天的地表径流量，mm；E_a 为第 i 天的蒸散发量，mm；W_{seep} 为第 i 天从土壤剖面进入包气带的水量，mm；Q_{gw} 为第 i 天回归流的水量，mm。

SWAT 模型结构示意图如图 2－11 所示。

3. VIC 模型

VIC 模型是由华盛顿大学、加利福尼亚大学伯克利分校及普林斯顿大学的研究者基于 Wood 等的思想共同研发的大尺度分布式水文模型，也可以称之为可变下渗容量模型，是一种基于 SVATS（Soil Vegetation Atmospheric Transfer Schemes）思想的大尺度分布式水文模型。

模型可同时进行陆-气间能量平衡和水量平衡的模拟，也可只进行水量平衡的计算，输出每个计算网格的径流深和蒸发，主要考虑了大气-植被-土壤之间的物理交换过程，反映土壤、植被、大气之间的水热状态变化和水热传输，有研究者将 VIC-2L 模型的上层分出一个顶部薄层，而成为 3 层，称为 VIC-3L 模型。它同新安江模型和通用产流模型一样，利用一个空间分布函

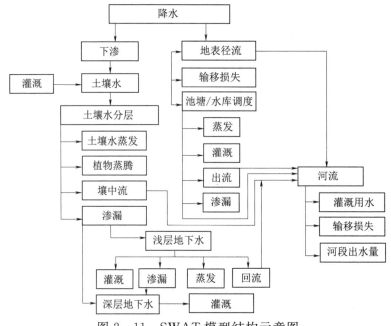

图 2-11 SWAT 模型结构示意图

数表示次网格内的土壤蓄水能力的变化。

雅砻江流域为狭长形流域，流域具有较强的空间变异性，气候和地理条件差异明显。因此，本书根据雅砻江流域特点和梯级电站控制性枢纽位置，对流域进行分区。目前两河口以上流域水电站未建，控制站点稀少，且目前关注的是中下游河段的枢纽洪水，则对于预报区域的划分主要以两河口、锦屏一级、二滩和桐子林枢纽作为主要控制节点。分区方案如下：

（1）两河口以上河段。

（2）两河口—锦屏一级河段。

（3）锦屏一级—二滩河段。

（4）二滩—桐子林河段。

（5）安宁河。

（6）理塘河。

（7）九龙河。

（8）力丘河。

（9）鳡鱼河。

2.3.2 雅砻江流域洪水预报模型成果

1. 空间数据库

空间数据库包括水系及测站分布图、土地利用分布图和土壤类型分布图。

2. 水情数据库

已收集巴基、打罗、道孚、东谷、盖租、甘孜、共科、黄水、吉居、甲根坝、甲米、锦屏、列瓦、泸沽、泸宁、炉霍、罗乜、麦地龙、米易、泥柯、三滩、树河、四合、孙水关、桐子林、湾滩、乌拉溪、小得石、新龙、雅江、扎巴、朱巴、濯桑等站点部分时段的洪水和降雨数据。

2.3.3 雅砻江流域径流模拟研究

2.3.3.1 雅砻江上游径流模拟研究

雅砻江中下游地区建设有众多水库及水电站,通过预报上游径流,可以掌握下游区间入流资料,进而预见旱涝灾害等极端事件,并提出相应对策;同时,还可以合理优化配置水资源,对下游的水资源梯级开发及水库调度都有重大意义。雅砻江上游径流模拟研究技术路线如图 2-12 所示。

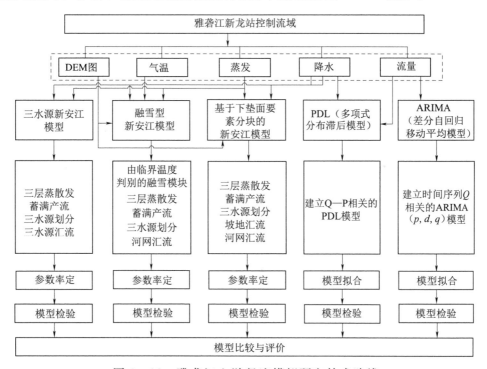

图 2-12 雅砻江上游径流模拟研究技术路线

对比了包括新安江模型、PDL、ARIMA 三种水文模型、时间序列模型的模拟结果,得出以下主要结论:

(1) 三水源新安江模型在该流域汛期的适用性较差,虽然总体水量可以控制在合理的范围,但水量过程误差较大;该模型适用于枯季径流模拟和预报,在模拟枯季径流方面可以达到乙级精度。

（2）融雪型新安江模型在该流域适用情况较差，但与三水源新安江模型相比精度有了一定提高；尤其在检验期，模型精度有了大幅提升。由此说明加入融雪模块后有一定的优化效果。

（3）基于下垫面要素分块的三水源新安江模型对研究区分块，分别计算每块子研究区出流流量，并进行河道汇流演算，得出流域出口径流过程。计算精度虽然有了较大提升，但模型输入资料较少，稳定性较差，仍不能满足预报要求，不能用于实际预报中。

（4）PDL（多项式分布滞后模型）在该流域的模拟精度较差，合格率并未达到要求，该地区降雨-径流关系并不显著，存在其他不确定性因素影响径流的形成。而该模型确定性系数可以达到乙级精度，且该模型径流总量、径流过程及峰型控制较好，因此，该模型预报结果可以作为实际预报的参考。另外，由于该模型预测需要同期降水观测值，故该模型无预见期，可以结合气象预报预测降水量来增加预见期的长度。

（5）差分自回归移动平均模型 ARIMA（2，1，3）在该流域的模拟效果较好，模拟和预报均能达到甲级精度，说明该水文站自身流量序列关系良好，可以运用于实际预报中，预见期为 1 日（24h）。差分自回归移动平均模型新龙站验证期出流过程如图 2-13 所示。

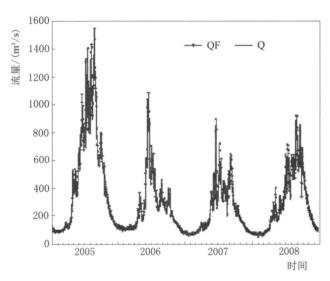

图 2-13　差分自回归移动平均模型新龙站验证期出流过程

（参见文后彩图）

2.3.3.2　MSWEP 和 IMERG 在雅砻江流域的时空适用性研究

基于雅砻江流域 10 个地面气象站点资料、邻近地区 18 个地面气象站点资料及插值后的中国地面降水日值格点数据集，在不同时间和空间尺度评价了 MSWEP V2.2 融合降水资料和 GPM_IMERG 卫星降水资料在研究区的适用情况。主要得出以下结论：

（1）在日和年尺度上，IMERG 和 MSWEP 在研究区的适用性强弱与纬度和高程成正比；在月尺度上，两者均有较强的适用性，故空间分布变化不明显。

（2）在日尺度上，MSWEP 的适用情况普遍优于 IMERG，而在月和年尺度上，IMERG 的适用性普遍优于 MSWEP；两种数据集在月尺度应用情况均优于年和日尺度。

（3）在格网和流域尺度上，在日和月尺度均具有高估现象，但高估程度不尽相同；而在年尺度上，两者计算流域平均降水时低估严重，与格网尺度大部分站点结论不一致。除卫星观测误差外，可能是因为未设站地区的地面降水计算存在较大误差。

研究资料概况见表 2-15。

表 2-15 研究资料概况

名称	类型	时间分辨率	空间分辨率	时间跨度	来源
中国地面气候资料日值数据集（V3.0）	地面站点观测资料	1 日	—	1951 年 1 月 1 日至 2017 年 10 月 31 日	http://data.cma.cn
MSWEP V2.2	多源融合降水观测资料	1 日	0.1°×0.1°	1979 年 1 月 1 日至 2017 年 10 月 31 日	http://www.gloh2o.org
GPM_IMERG Final Precipitation L3 V06	多卫星联合反演降水数据	1 日	0.1°×0.1°	2000 年 6 月 1 日至 2017 年 10 月 31 日	https://disc.gsfc.nasa.gov
中国地面降水日值格点数据集（V2.0）	地面格点降水资料	1 日	0.5°×0.5°	1961 年 1 月 1 日至 2017 年 10 月 31 日	http://data.cma.cn

第3章 枢纽群洪水精细化模拟与多目标调控技术

本章拟在麦地龙水文站至锦屏一级库区及锦屏一级下游河道采用一维水力学方法，计算水流演进过程；在锦屏一级库区建立二维水动力模型，模拟库区水体运动。一维、二维耦合方法能够兼顾计算速度和准确性，更好地把握库区动库容演变。本章结合梯级枢纽工程实时预报系统和决策平台，根据水库调度精度和业务需求搭建多维度耦合的河库动态水流演进模型，其技术路线如图3-1所示。在模型研发的同时，在锦屏一级、二级之间的大河湾河段实现了一维水动力学模型的构建，实现了锦屏一级泄水后的大河湾河段水位流量过程，从而对河段防洪安全进行评估，进一步对水库防洪调度提供支撑。

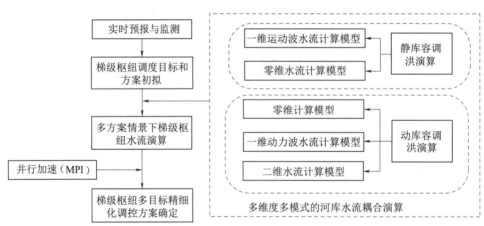

图3-1 枢纽群洪水精细化模拟与多目标调控技术路线

3.1 水动力学模型研发

3.1.1 零维水流计算模型

静水调洪模式中，常结合水量平衡和水库蓄水容量曲线实现水库动态调度计算。但在动态调洪模式中，库区范围内的水位存在明显的水位沿程变化问题。零维水流计算模型在常规水库调算模型基础上，考虑将水库概化为多个具有蓄水能力、水面线性变化、忽略水流行进的串联水库。考虑动库容的水库零维蓄水示意如图 3-2 所示。

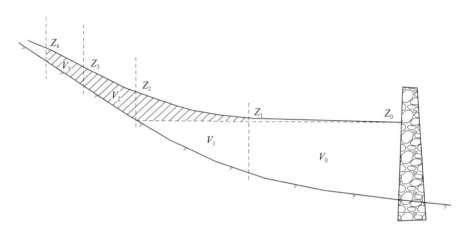

图 3-2　考虑动库容的水库零维蓄水示意图

对于图 3-2 中所示的水库，水库蓄水由两部分组成：一部分是由于河道修建大坝而抬高河道水位增加的河道蓄水；另一部分是由大坝对河道壅水（通常为 M1 型壅水曲线）而增加的蓄水。在水库水流计算前，应先根据坝前水位推算库区影响范围，即库尾所在位置。推算可依据恒定渐变流水面线计算公式，由坝前算至上游接近正常水深的断面位置。确定库区范围后，根据水面线陡缓情况将水库概化为如图 3-2 中所示的多个串联水库，再由水量平衡式（3-1）及式（3-2）计算水库水流：

$$(Q_{in} - Q_{out})_i = \frac{\partial V_i}{\partial t} \tag{3-1}$$

$$\Delta V = f\left[\frac{\Delta Z_i + \Delta Z_{i+1}}{2}, A_s\left(\frac{\Delta Z_i + \Delta Z_{i+1}}{2}\right)\right] \tag{3-2}$$

式中：i 为概化后水库分级序号，$i = 0, 1, 2, \cdots$；Q_{in}、Q_{out} 分别为 i 级水库的入库、出库流量，m^3/s，满足 $(Q_{out})_i = (Q_{in})_{i+1}$；$V_i$ 为第 i 级水库的库容，m^3；$A_s(\cdot)$ 为不同水位下第 i 级水库的水面面积，m^2；V_i 与 A_s 和 $(Z_i + Z_{i+1})/2$ 呈单值关系。

在采用式（3-1）、式（3-2）计算时，先由已知的坝前水位和出库流量依据水面线计算公式推算分级后末级水库的上游断面水位和入库流量，然后以此作为上一级水库的末水位和出库流量依次往上游推算。

3.1.2　一维河道模型

一维河道模型将河道或水库部分库区概化为图 3-3 中所示河道，计算范围自坝前计算至库区上游最近的水位站点或水文站点（若在库尾有水位站，则计算至库尾，否则延长计算范围至河道中距坝址最近的水文站点）。

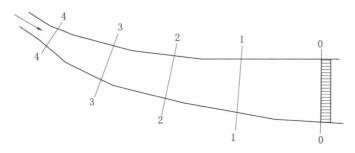

图 3-3　河道型水库计算大断面示意图

河道一维非恒定水流本质上是一种以重力为主的洪水波传播过程，研究这种洪水波的主要方法是根据水流连续和动量守恒原理构建河道不同断面之间水位流量关系方程。根据考虑动力项的不同，河道一维水流演进又可分为动力波法和运动波法。

3.1.2.1　动力波法

水流在重力、水压力、沿程阻力和惯性力作用下可由动量守恒推导其运动方程，再联合水流连续方程后得到动力波方程，即圣维南方程组，见式（3-3）、式（3-4），其中式（3-3）为连续方程，式（3-4）为运动方程：

$$\frac{\partial A}{\partial t} + \frac{\partial Q}{\partial x} = q \tag{3-3}$$

$$\frac{\partial Q}{\partial t} + \frac{\partial}{\partial x}\left(\frac{Q^2}{A}\right) + gA\frac{\partial Z}{\partial x} + g\frac{n^2|u|}{R^{4/3}}Q = 0 \tag{3-4}$$

式中：x 为纵向距离，m；t 为时间，s；A 为过流断面面积，m^2；Q 为断面过流流量，m^3/s；u 为断面平均流速，m/s；q 为支流入流流量（出流为负），$m^3/(s \cdot m)$；Z 为河道水位，m；g 为重力加速度，m/s^2；n 为曼宁糙率系数；R 为水力半径，m。

动力波方程是一阶拟线性双曲型偏微分方程，含有水位和流量两个独立变量，方程在数学上难以求得解析解，因此一般选用数值方法求解。常见数值方法有特征线法、有限体积法和有限差分法。特征线法沿方程特征线构造数值网格，将双曲型偏微分方程组转换为常微分方程组求解。特征线法物理意义明确，数学上也直观，但存在强间断和中间插值不足等问题。有限体积法通过选取有限水体单元,利用水量平衡和水量交换原理进行求解,该方法控制解的总变差不增,保证数值解不出现震荡。有限差分法将方程中微商用差商来表示,然后联解线性方程组,以求得近似解。差分方法又分显式和隐式两种。显式由当前已知时间层推求下一时间层,公式简单且易于编程实现,但该方法计算结果波动大,稳定性受时间步长 Δt 限制。隐式求解则隐含下一时间层变量,需联立求解线性方程组,该方法虽在计算上更为复杂,但具有无条件稳定的特性。综合对比各种方法,采用有限差分方法中的普里斯曼四点偏心隐式来求解圣维南方程组,实现动力波模型下的河道水流计算。

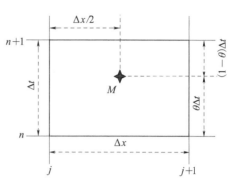

图 3-4　普里斯曼差分格式离散示意图

普里斯曼差分格式离散示意图见图 3-4。

圣维南方程组见式(3-5)～式(3-8)。

$$f_M \approx \frac{\theta}{2}(f_{j+1}^{n+1}+f_j^{n+1})+\frac{1-\theta}{2}(f_{j+1}^n+f_j^n) \tag{3-5}$$

$$\left.\frac{\partial f}{\partial t}\right|_M \approx \frac{f_{j+1}^{n+1}+f_j^{n+1}-f_{j+1}^n-f_j^n}{2\Delta t} \tag{3-6}$$

$$\left.\frac{\partial f}{\partial x}\right|_M \approx \theta\left(\frac{f_{j+1}^{n+1}-f_j^{n+1}}{\Delta x}\right)+(1-\theta)\left(\frac{f_{j+1}^n-f_j^n}{\Delta x}\right) \tag{3-7}$$

$$\left.\frac{\partial f^2}{\partial x^2}\right|_M \approx \theta\left(\frac{f_{j+1}^n f_{j+1}^{n+1}-f_j^n f_j^{n+1}}{\Delta x}\right)+(1-\theta)\left(\frac{f_{j+1}^n f_{j+1}^n-f_j^n f_j^n}{\Delta x}\right) \tag{3-8}$$

相对于当前计算时刻,f^{n+1} 为未知变量,f^n 为已知变量,推导时将未知变量 f^{n+1} 简记为 f。根据式(3-5)到式(3-8)离散式(3-3)、式(3-4)得到线性方程组式(3-9)和式(3-10):

$$a_{2j-1}^1\Delta Q_j+a_{2j-1}^2\Delta Z_j+a_{2j-1}^3\Delta Q_{j+1}+a_{2j-1}^4\Delta Z_{j+1}=b_{2j-1} \tag{3-9}$$

$$a_{2j}^1\Delta Q_j+a_{2j}^2\Delta Z_j+a_{2j}^3\Delta Q_{j+1}+a_{2j}^4\Delta Z_{j+1}=b_{2j} \tag{3-10}$$

式中:j 为除首末端外的断面编号;$\Delta Q_j=Q_j^{n+1}-Q_j^*$,$\Delta Z_j=Z_j^{n+1}-Z_j^*$,$Q_j^*$、$Z_j^*$ 分别为 Q_j^n、Z_j^n 的循环迭代更新值(下文上标中带 * 号同);系数 a_{2j-1}^1、a_{2j-1}^2、a_{2j-1}^3、a_{2j-1}^4、b_{2j-1}、a_{2j}^1、a_{2j}^2、a_{2j}^3、a_{2j}^4、b_{2j} 由上一时刻和迭代值 Q_j^*、Z_j^* 所确定,各系数计算表达式如下:

$$a_{2j-1}^1=-a_{2j-1}^3=-1$$

$$a_{2j-1}^2 = a_{2j-1}^4 = \frac{B_{j+1/2}^* \Delta x}{2\Delta t \theta}$$

$$b_{2j-1} = \frac{\theta(q_j^{n+1} + q_{j+1}^{n+1}) + (1-\theta)(q_j^n + q_{j+1}^n)}{2\theta}\Delta x - \frac{1-\theta}{\theta}(Q_{j+1}^n - Q_j^n)$$

$$+ a_{2j-1}^2(Z_j^n + Z_{j+1}^n) - (a_{2j-1}^1 Q_j^* + a_{2j-1}^2 Z_j^* + a_{2j-1}^3 Q_{j+1}^* + a_{2j-1}^4 Z_{j+1}^*)$$

$$a_{2j}^1 = \frac{\Delta x}{2\theta \Delta t} - \left[\frac{Q}{A}\right]_j^* + \left[\frac{g|Q/A|n^2}{2\theta R^{4/3}}\right]_j^* \Delta x$$

$$a_{2j}^2 = -a_{2j}^4 = -g(A_j^* + A_{j+1}^*)/2$$

$$a_{2j}^3 = \frac{\Delta x}{2\theta \Delta t} + \left[\frac{Q}{A}\right]_{j+1}^* + \left[\frac{g|Q/A|n^2}{2\theta R^{4/3}}\right]_{j+1}^* \Delta x$$

$$b_{2j} = \frac{\Delta x}{2\theta \Delta t}(Q_{j+1}^n + Q_j^n) - \frac{1-\theta}{\theta}\left[\left[\frac{Q^2}{A}\right]_{j+1}^n - \left[\frac{Q^2}{A}\right]_j^n\right] + \frac{1-\theta}{\theta}a_{2j-1}^2(Z_{j+1}^n - Z_j^n)$$

$$- (a_{2j}^1 Q_j^* + a_{2j}^2 Z_j^* + a_{2j}^3 Q_{j+1}^* + a_{2j}^4 Z_{j+1}^*)$$

对于首末断面，需补充边界条件，见式（3-11）和式（3-12）：

首断面
$$a_0^3 \Delta Q_1 + a_0^4 \Delta Z_1 = b_0 \tag{3-11}$$

末断面
$$a_{2N-1}^1 \Delta Q_1 + a_{2N-1}^2 \Delta Z_1 = b_{2N-1} \tag{3-12}$$

式（3-11）和式（3-12）中的系数需根据外边界条件确定。

由式（3-9）至式（3-12），对河道所需计算的 N 个断面（见图 3-5）可得到关于流量水位增变量 ΔQ、ΔZ 的 $2N$ 个方程，形成式（3-13）所示矩阵方程组：

$$AX = B \tag{3-13}$$

其中，A、X、B 分别表示为

$$A = \begin{bmatrix} a_0^3 & a_0^4 & & & & \\ a_1^1 & a_1^2 & a_1^3 & a_1^4 & & \\ a_2^1 & a_2^2 & a_2^3 & a_2^4 & & \\ & & & \vdots & & \\ & & & a_{2N-3}^1 & a_{2N-3}^2 & a_{2N-3}^3 & a_{2N-3}^4 \\ & & & a_{2N-2}^1 & a_{2N-2}^2 & a_{2N-2}^3 & a_{2N-2}^4 \\ & & & & a_{2N-1}^1 & a_{2N-2}^2 \end{bmatrix} \quad B = \begin{bmatrix} b_0 \\ b_1 \\ b_2 \\ \vdots \\ b_{2N-3} \\ b_{2N-2} \\ b_{2N-1} \end{bmatrix} \quad X = \begin{bmatrix} \Delta Q_1 \\ \Delta Z_1 \\ \Delta Q_2 \\ \Delta Z_2 \\ \vdots \\ \Delta Q_N \\ \Delta Z_N \end{bmatrix}$$

式（3-13）中系数矩阵 A 为五对角大型稀疏矩阵，可采用双扫描法进行求解。

在求解得到方程组中未知量 ΔQ、ΔZ 后，判断增量 ΔQ、ΔZ 是否满足误差控制条件 $|\Delta Q| < \varepsilon_1$、$|\Delta Z| < \varepsilon_2$（$\varepsilon_1$、$\varepsilon_2$ 分别为流量水位误差控制限），若

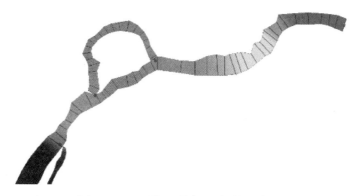

图 3-5　一维河道断面离散示意图

满足，则更新迭代值 Q_j^*、Z_j^* 即为当前计算时刻所求 Q^{n+1}、Z^{n+1}，否则令 $Q^* = Q^* + \Delta Q$ 和 $Z^* = Z^* + \Delta Z$ 重新求解方程，直到满足误差控制条件。

在采用一维河道水流计算模型进行水库水流计算时，上游、下游外边界需根据实际资料和计算需求进行确定，初始条件则根据恒定水流状态进行给定。

3.1.2.2　运动波法

当河道水流计算所需要的横断面测点数据、内部建筑物信息、支流汇流分水情况和上下游流量水位资料等缺少时，尤其是诸如雅砻江等山区河道缺少断面地形和水文实测资料时，若对河道沿程水位信息要求不高，则可将动力波方程进行简化处理。在河道比降较大、洪水扰动受下游影响较小的情况下可忽略动量方程中惯性作用的影响，得到简化后运动方程：

$$\frac{\partial Z_d}{\partial x} + \frac{n^2 |u| u}{R^{4/3}} = 0 \qquad (3-14)$$

式中：Z_d 为河道河床高程，m。

不考虑支流影响，联立式（3-3）和式（3-14）后得到运动波方程：

$$\frac{\partial Q}{\partial t} + \omega \frac{\partial Q}{\partial x} = 0 \qquad (3-15)$$

式中：ω 为水流传播波速，m/s，可由 $\omega = \sqrt{g \dfrac{A}{B}}$ 估算，其中 B 为水面宽，m。

当 ω 不随水位变化时，运动波方程是仅关于流量 Q 的线性偏微分方程，方程具有一组向下游传播的特征线，波动仅向下游传播。同时方程本身不具有耗散现象，不会产生衰减（区别于扩散波方程右端耗散项 $\partial^2 Q/\partial x^2$）。因此，采用运动波方程描述水流演进理论上是没有坦化作用的，这与实际规律并不

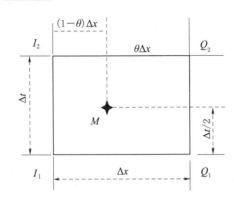

图 3-6 马斯京根-康吉法
差分格式离散示意图

相符。

但对运动波方程采用适当的差分格式进行求解是能产生一定衰减效应的，可达到扩散波方程的计算精度，其中一种广泛运用的差分格式就是马斯京根-康吉（Muskingum-Cunge）法，其差分格式离散示意图如图 3-6 所示。

方程采用式（3-16）、式（3-17）所示格式进行差分离散，并令 $K=\Delta x/\omega$，得到式（3-18）：

$$\frac{\partial Q}{\partial t} \approx \frac{\theta(I_2-I_1)+(1-\theta)(Q_2-Q_1)}{\Delta t} \tag{3-16}$$

$$\frac{\partial Q}{\partial x} \approx \frac{Q_2+Q_1-I_2-I_1}{2\Delta x} \tag{3-17}$$

$$K[\theta I_2+(1-\theta)Q_2]+\frac{\Delta t}{2}(Q_2+Q_1)=K[\theta I_1+(1-\theta)Q_1]+\frac{\Delta t}{2}(I_2+I_1) \tag{3-18}$$

式中：I_1、I_2、Q_1、Q_2 分别为河段前一计算时间 $t-\Delta t$ 和当前时间 t 的入流、出流流量，m^3/s；K 为河段水流扰动波传播时间，h。

在方程式（3-18）中，引入槽蓄（即河段中蓄有的水量，m^3）方程 $S=K[\theta I+(1-\theta)Q]$，可得到以槽蓄量 S 和流量 Q 为变量的方程：

$$S_2+\frac{\Delta t}{2}Q_2=\frac{\Delta t}{2}(I_2+I_1)-\frac{\Delta t}{2}Q_1+S_1 \tag{3-19}$$

可以看出，式（3-18）实际上可由（3-19）代入方程 $S=K[\theta I+(1-\theta)Q]$ 推导得到。

在式（3-18）中，以 I_1、I_2、Q_1 为已知变量，Q_2 为未知变量，得到 Q_2 计算表达式：

$$Q_2=C_1 I_1+C_2 I_2+C_3 Q_1 \tag{3-20}$$

式中：系数 $C_1=\left[K\theta+\frac{\Delta t}{2}\right]/\alpha$；$C_2=\left[-K\theta+\frac{\Delta t}{2}\right]/\alpha$；$C_3=\left[K(1-\theta)-\frac{\Delta t}{2}\right]/\alpha$；其中 $\alpha=K(1-\theta)+\frac{\Delta t}{2}$。

式（3-20）即为马斯京根模型流量计算公式，其参数 K、θ 具有水流物理意义，演算系数 C_1、C_2、C_3 满足和为 1 的条件。由式（3-20）结合初始和边界条件后即可实现河道沿程流量计算，得到流量后再依据断面流量水位关系可由流量过程推算出断面水位过程。需要说明的是，采用马斯京根模型进行河道水流计算在进行河道分段时受参数 K 和时间步长 Δt 影响，不再具有水动力模型对计算断面设置的任意性。

上述推导的马斯京根模型应用于河道水流演进，计算简单，对河道地形数据要求低，参数估计灵活，能达到扩散波方程差分求解计算精度。但也存在一些不足限制了该方法的应用，包括河段线性槽蓄假定和系数的常值假定等，为此本书研究了一种新的马斯京根模型改进思路，提高了水流计算精度，也扩大了模型适用范围。

改进模型认为河道槽蓄量 S 不仅与当前 t 时流量有关，而且与 t 以前多时段历史流量有关，据此对槽蓄方程修正如下：

$$S = K\left[\theta \sum_{j=t-n}^{t} w_{1j} I_j + (1-\theta) \sum_{j=t-n}^{t} w_{2j} Q_j\right] \tag{3-21}$$

式中：w_{1j} 和 w_{2j} 分别为河段进口和出口断面多时段流量线性组合系数，满足 $\sum w_{1j} = 1$、$\sum w_{2j} = 1$，简化运用时，w_{1j} 和 w_{2j} 取为常数；n 为进出口流量对槽蓄有影响的时段数，代表了式中 j 的取值范围。

取 $n=1$ 时，根据式（3-21）可得到类似于式（3-20）的出流流量 Q_2 的计算表达式：

$$Q_2 = C_{-1} I_{-1} + C_0 I_1 + C_1 I_2 + C_2 Q_{-1} + C_3 Q_1 \tag{3-22}$$

式中：系数 $C_{-1} = K\theta(1-w_1)/\alpha$；$C_0 = \left[\frac{\Delta t}{2} - K\theta(1-2w_1)\right]/\alpha$；$C_1 = \left[\frac{\Delta t}{2} - K\theta w_1\right]/\alpha$；$C_2 = K(1-\theta)(1-w_2)/\alpha$；$C_3 = \left[-K(1-\theta)(1-2w_2) - \frac{\Delta t}{2}\right]/\alpha$；其中 $\alpha = K(1-x)w_2 + \frac{\Delta t}{2}$。

同样，演算系数满足 $\sum_{i=-1}^{3} C_i = 1$。特别的，当系数 $w_1 = w_2 = 1.0$ 时，式（3-22）变为常规演算方法。改进的马斯京根模型提供了更多调算空间，能更好地模拟河道水流变化过程。

3.1.3　二维过流蓄水型模型

当需要精细化水库库区流场和水深分布及随水库调度方案的变化情况时，需考虑更高维度的水流计算。此时，若库区范围的水平尺度远大于垂向尺度、流速等水力参数沿垂直方向的变化较之沿水平方向的变化要小得多，则可以不考虑水力参数沿垂向的变化，并假定沿水深方向的动水压强分布符合静水压强分布。

同样由水流连续和动量守恒可推导得到明渠非恒定水流二维水动力基本方程即式（3-23）、式（3-24）和式（3-25），其中式（3-23）为连续方程，式（3-24）和式（3-25）分别为沿水流方向和垂直水流方向运动方程，运动方程中阻力项采用曼宁公式进行简化计算。

$$\frac{\partial H}{\partial t}+\frac{\partial (Hu)}{\partial x}+\frac{\partial (Hv)}{\partial y}=q \tag{3-23}$$

$$\frac{\partial Hu}{\partial t}+\frac{\partial (Hu^2)}{\partial x}+\frac{\partial (Huv)}{\partial y}+gH\frac{\partial Z}{\partial x}+g\frac{n^2u\sqrt{u^2+v^2}}{H^{1/3}}=0 \tag{3-24}$$

$$\frac{\partial Hv}{\partial t}+\frac{\partial (Huv)}{\partial x}+\frac{\partial (Hv^2)}{\partial y}+gH\frac{\partial Z}{\partial y}+g\frac{n^2v\sqrt{u^2+v^2}}{H^{1/3}}=0 \tag{3-25}$$

式中：H 为水深，m；u、v 分别为沿水流方向和水面宽方向的水流流速，m/s；Z 为水位，m，满足 $Z=Z_d+H$，Z_d 为底高程；n 为糙率系数。

对于二维浅水流动来说，有限差分方法一方面对划分网格有限制，要求地形是结构化网格，另一方面方法受库朗稳定条件限制，且存在守恒性的问题。本书采用简化有限体积方法，将计算区域剖分为不重复的四边形网格（见图3-7），在水量平衡原理和差分离散方程基础上实现库区范围内水流计算。

图3-7中网格的剖分方式可根据实际地形资料或按一维实测大断面高程点插值确定。取出图3-7中任一网格及其相邻网格进行分析见图3-8（图中若流量为负值，则与标示方向相反）。

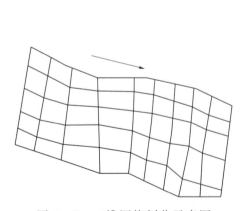

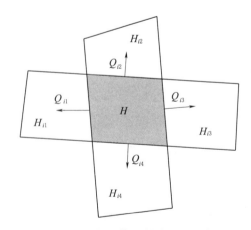

图 3-7　二维网格剖分示意图　　　　图 3-8　有限体积控制网格单元

对于图3-8中每一个计算网格 i，其水流要素主要有网格平均水深 H_i 和四条边界过流流量 $Q_{ij}(j=1,2,3,4)$。采用差分方法离散连续方程式（3-23）

和运动方程式（3-24）、式（3-25）分别得到关于网格水深和流量的计算表达式式（3-26）、式（3-27）。

连续方程离散

$$H_i^{T+2dt} = H_i^T - \frac{2dt}{A_i} \sum_{j=1}^{4} Q_{ij}^{T+dt} L_{ij} + 2dt q_i^{T+dt} \qquad (3-26)$$

运动方程离散

$$Q_{ij}^{T+dt} = Q_{ij}^{T-dt} - 2dt g \left(\frac{H_i^T + H_{ij}^T}{2} \frac{Z_{ij}^T - Z_i^T}{ds_{ij}} \right) - 2dt g \left\{ \frac{n^2 Q_{ij}^{T-dt} |Q_{ij}^{T-dt}|}{[(H_i^T + H_{ij}^T)/2]^{7/3}} \right\}$$

$$(3-27)$$

式中：dt 为时间步长，s；H_i^T、H_{ij}^T 分别为第 i 个网格单元及其相邻单元在 T 时刻的水深，m；A_i 为第 i 个网格单元的面积，m²；j 为第 i 个网格单元边界及相邻单元序号，取值 1，2，3，4；Q_{ij}^{T+dt} 为第 i 个网格单元 $T+dt$ 时刻第 j 条边界单宽过流流量，m³/s；$g(\cdot)$ 为函数；L_{ij} 为第 i 个网格单元第 j 条边界宽度，m；q_i^{T+dt} 为第 i 个网格单元 $T+dt$ 时刻平均源汇水量，m/s，通常可忽略此项；Z_i^T、Z_{ij}^T 为第 i 个网格单元及其相邻单元在 T 时刻水位，m；ds_{ij} 为第 j 条过流边界相邻两单元网格中心间距，m。

给定初始条件和边界条件后，即可按式（3-26）、式（3-27）循环迭代计算整个网格区域流量、水深和水位。二维模型可将初始水深设为同一常值，初始流量取为零，边界条件可类似一维方法给定后赋值给边界网格。需指出的是，在流量水位计算时，流量和水位在空间和时间上交替，时间上相差一个步长，而空间上则相差半个网格。在时间顺序上先根据式（3-27）计算流量后再由式（3-26）计算水深和水位。在用式（3-27）离散运动方程时认为相邻单元格流速近似相等，忽略了空间加速度项的影响。另外，在库区河道水流作用相对较弱时，应考虑水深的分层作用而对水深进行修正。

由于二维水流计算采用的是显式公式，同时可能出现干湿交替的动边界，因此每一时间步的计算都需要反复的迭代和水位流量的校正。校正方法通常是依据水量平衡和水深非负的原则实现。

（1）首先当时间步长较长且水深相差较大时，有可能出现单元格疏干的情况，此时需限制最大过流量为 $2dt$ 时间内将网格单元疏干。

（2）每一次单元网格间水量交换终止状态是相邻单元格水位齐平，因此在 $2dt$ 时间内产生流量过大（水深较深）而造成反向水位差时也应限制最大流量。

（3）由于每一次完整的计算单元格都会发生四次水量交换，在满足

（1）、（2）限制条件时仍可能出现单元格疏干而计算出"负水深"的情况，因此在计算水深时需对流量按式（3-28）进行校正，校正完流量后再重新反复计算水深，直至负水深消失。

$$(Q_i^{T+dt})' = \frac{(H_i^T - 0)A_i}{2dt} \frac{Q_{ij}}{\sum\limits_{j=1}^{4} Q_{ij}L_{ij}} \qquad (3-28)$$

3.1.4 多维水流计算模型耦合

河道与水库作为连续水体进行水流演算时，需根据河道与水库的连接情况，进行不同模式的模型耦合计算：

（1）水库采用二维过流蓄水型模型计算，河道作为入流外边界接入。

（2）水库采用一维河道型模型，直接将水库作为带有内边界（坝址处堰流型过流条件）的河道与所连接的上下游河道整体计算。

（3）水库采用零维蓄水型模型计算，并将水库作为内边界嵌入到河道水流计算中。

（4）水库本身不进行水流模拟计算，将水库作为河道水流计算的上游入流外边界或下游水位外边界，此时河道被水库分成独立的多个河段分别进行计算。

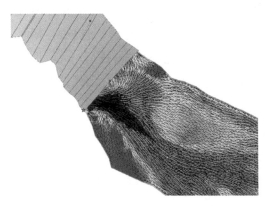

图 3-9　河道水库水流演进耦合模拟示意图

不管选取上述哪种模式，河道都是水库水流交换的路径和通道，通过河库水流计算实现河道与水库之间的实时联动，模拟示意见图 3-9。一方面，不同的计算模式体现了河库之间不同的联动方式，也是实现梯级枢纽之间水流响应的关键连接；另一方面，具体采用何种水流计算耦合模式决定于具体的应用情况，通常从资料限制、模拟精度、计算效率和计算复杂度等方面进行对比分析后做出选择。

3.1.5 模型参数率定与校验分析

在锦屏二级水电站减水河段共设置了 14 个水位站（原设 15 个，其中九龙河口高程信息存在局部偏差，故未用），各水位站基本情况见表 3-1。

表 3-1　　　　　　　　各水位站基本情况表

编　号	站　　名	地　理　位　置	河底高程/m	距二级闸址距离/km
1	大沱岗亭	木里藏族自治县倮波乡干沟子村大沱组	1615.500	7.62
2	沙滩坪	木里藏族自治县倮波乡沙滩坪	1610.763	10.03
3	老洼牛	冕宁县健美乡洛居村	1605.446	14.25
4	扎洼	九龙县魁多乡扎洼村下扎洼组	1597.143	17.97
5	河子坝	九龙县魁多乡魁多村下河坝组	1578.601	25.08
6	牛屎板村	九龙县烟袋镇烟袋村	1537.500	34.93
7	朵落沟	九龙县朵落彝族乡船板沟村色洛组	1481.570	48.55
8	萝卜丝沟	冕宁县窝堡乡洋房村	1463.180	57.43
9	张家河坝	冕宁县窝堡乡洋房村	1459.680	60.51
10	马头电站	冕宁县马头乡朝阳村	1451.963	64.48
11	恩渡吊桥	冕宁县青纳乡马庄村	1438.170	70.07
12	棉锦大桥	冕宁县锦屏镇秧田村3组	1419.358	78.63
13	万凯丰大桥	冕宁县麦地沟乡	1388.890	90.80
14	江口	冕宁县麦地沟乡软心沟村	1379.560	96.50

　　根据前述数值方法，建立大河湾河道一维水动力模型。通过水位站观测数据一方面可进一步对14个断面的高程信息进行校核与校正，另一方面可利用观测的水位信息对泄水模型进行参数率定与校验分析。

　　在下游水动力学过程预测工作中，引入数据同化技术，有效提高洪水过程的模拟精度。数据同化是指在考虑数据时空分布及观测场和背景场误差的基础上，在数值模型的动态运行过程中融合新的观测数据的方法。它是在过程模型的动态框架内，通过数据同化算法不断融合时空上离散分布的不同来源和不同分辨率的直接或间接观测信息来自动调整模型轨迹，以改善动态模型状态的估计精度，提高模型预测能力。

　　顺序数据同化算法又称滤波算法，包括预测和更新两个过程。预测过程根据t时刻状态值初始化模型，不断向前积分直到有新的观测值输入，预测$t+1$时刻模型的状态值；更新过程则是对当前$t+1$时刻的观测值和模型状态预测值进行加权，得到当前时刻状态最优估计值。根据当前$t+1$时刻的状态值对模型重新初始化，重复上述预测和更新两个步骤，直到完成所有有观测数据时刻的状态预测和更新。

　　集合卡尔曼滤波是一种经典的数据同化方法，对于模型状态量ψ的预测值与观测值，假设它们均为正态分布：

$$\boldsymbol{\psi}^f \sim N(\boldsymbol{\psi}^0, \boldsymbol{C}^f) \tag{3-29}$$

$$\boldsymbol{d} \sim N(\boldsymbol{M\psi}^0, \boldsymbol{C}^d) \tag{3-30}$$

基于两者给出最小方差的预测值：

$$\boldsymbol{\psi}^a = \boldsymbol{\psi}^f + \boldsymbol{K}(\boldsymbol{d} - \boldsymbol{M\psi}^f) \tag{3-31}$$

其中卡尔曼增益为

$$\boldsymbol{K} = \boldsymbol{C}^f \boldsymbol{M}^T (\boldsymbol{MC}^f \boldsymbol{M}^T + \boldsymbol{C}^d)^{-1} \tag{3-32}$$

对于动态系统，其随时间演化并带有误差 $\boldsymbol{q} \sim N(0, \boldsymbol{C}^q)$：

$$\boldsymbol{\psi}_t^f = \boldsymbol{G\psi}_{t-1}^a \tag{3-33}$$

$$\boldsymbol{C}_t^f = \boldsymbol{GC}_{t-1}^a \boldsymbol{G}^T + \boldsymbol{C}_{t-1}^q \tag{3-34}$$

给定模型初始误差，即可顺序同化模型预测值和误差大小，不断根据观测值给出模型状态的最优估计。若要实时同化参数，将参数向量添加至状态向量 $\boldsymbol{\psi}$ 后，构成系统增广状态向量即可。

对于泥沙淤积、测量误差等原因导致的水库地形不准问题，亦可采用数据同化方法对其进行校正，如图 3-10 所示（图中蓝色、红色分别代表校正前、校正后断面参数，黑色变量代表校正值）。首先概化地形参数（图 3-10 中以梯形断面为例），将校正值线性插值至中间断面，用 EnKF 方法可以实时更新校正值大小，提高演算模拟结果的可靠性。

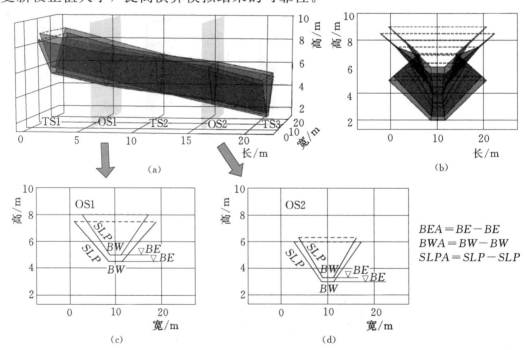

图 3-10　河道及河道型水库地形校正方案

（参见文后彩图）

采用全局敏感性分析技术分析参数化断面地形几何参数的敏感度指标（见图 3-11），分析主要误差来源、选取敏感参数并运用 EnKF 技术实时校正地形特性，使水动力学模拟水位的各站平均 $RMSE$ 降至 0.15m，对比未校正地形的模拟结果（$RMSE=0.70$m），误差下降至后者的 21.4%，显著提高了水位模拟精度。

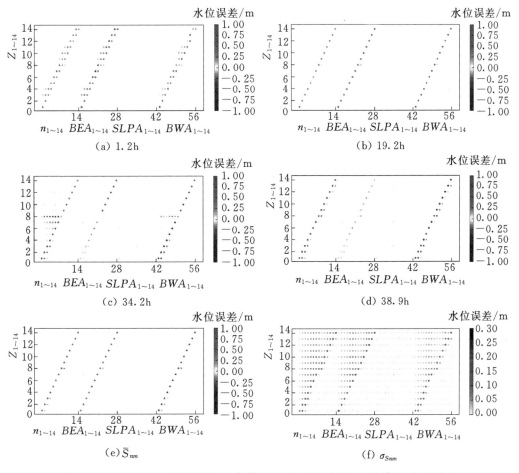

图 3-11 水动力学模型物理参数、地形几何参数的敏感性分析结果
（参见文后彩图）

3.2 水动力学模型应用

根据 3.1 中所述方法，初步在雅砻江流域锦屏一级、二级间大河湾河段上建立了一维河道模型，计算锦屏一级泄水的河道演进过程。沿大河湾所设立的 15 个水位观测站点从 2017 年 6 月开始自记水位数据，该次泄水分析验证选取自 9—10 月的 3 次典型过程进行验证分析。锦屏一级、二级间大河湾河段示意如图 3-12 所示。

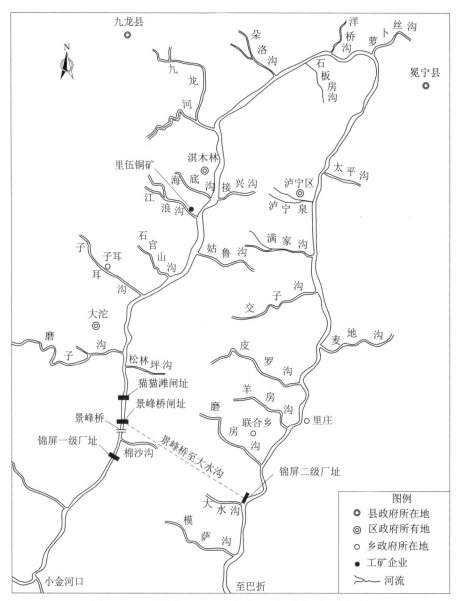

图 3-12 锦屏一级、二级间大河湾河段示意图

以锦屏水文站为上游入流断面,各场次泄水过程数据见表 3-2。

表 3-2 三次典型加大泄水过程数据

序号	时间	峰值流量 /(m³/s)	峰值时间	起涨流量 /(m³/s)	起涨时长 /h	最大 1h 涨幅 /(m³/s)
1	9 月 11 日	1651	15:00	833	2	811
2	9 月 17 日	2010	13:00	563	3	1201
3	10 月 4 日	2425	12:00	669	4	698

3.2.1 2017年9月11日泄水水位验证分析

2017年9月11日12时30左右，锦屏二级闸坝开始加大泄水。锦屏水文站断面处13：00左右开始起涨，并于15：00左右达到最大流量1651m³/s，采用大河湾模型模拟该次泄水过程得到的各站点处洪峰到达时间和最高水位见表3-3。

表3-3   2017年9月11日锦屏二级加大泄水过程水位验证

序号	站　名	洪峰到达时间			洪峰水位/m		
		实测值	模型值	时间误差/min	实测值	模型值	水位误差
1	大沱岗亭	15：12	15：15	3	1621.58	1620.95	−0.63
2	沙滩坪	15：43	15：33	10	1616.65	1616.06	−0.59
3	老洼牛	15：54	16：10	16	1610.60	1610.80	0.20
4	扎洼	16：27	16：27	0	1604.99	1604.78	−0.21
5	河子坝	16：57	16：53	4	1583.59	1583.01	−0.58
6	牛屎板村	17：18	17：33	15	1543.20	1543.04	−0.16
7	九龙河口	17：35	17：37	2	1523.93	1532.73	8.80
8	朵落沟	18：14	18：23	9	1486.20	1485.98	−0.22
9	萝卜丝沟	18：56	19：13	17	1468.71	1469.60	0.89
10	张家河坝	19：20	19：29	9	1465.78	1465.19	−0.59
11	马头电站	19：38	19：50	12	1457.28	1456.86	−0.42
12	恩渡吊桥	20：01	20：12	11	1443.43	1443.05	−0.38
13	棉锦大桥	20：31	20：53	22	1424.41	1424.09	−0.32
14	万凯丰大桥	21：13	21：42	29	1393.36	1393.18	−0.18
15	江口	21：56	22：08	12	1383.48	1382.83	−0.65

从表3-3中可以看出，该次模拟结果中，15个站点的洪峰到达时间误差都在30min以内，洪峰水位误差除九龙河口站外都在1m以内。该场泄水中，泸宁水文站模拟流量与实测流量过程对比如图3-13所示。

3.2.2 2017年9月17日泄水水位验证分析

2017年9月17日9时30分左

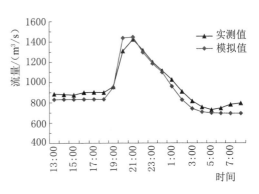

图3-13 2017年9月11日加大泄水情况下泸宁水文站模拟流量与实测流量过程对比

右，锦屏二级闸坝再次调整闸门加大泄水，锦屏水文站断面处 10：00 左右开始起涨，并于 13：00 左右达到最大流量 2010m³/s，采用大河湾模型模拟该次泄水过程得到各站点处洪峰到达时间和最高水位见表 3-4。

表 3-4　　　2017 年 9 月 17 日锦屏二级加大泄水过程水位验证

序号	站　名	洪峰到达时间			洪峰水位/m		
		实测值	模型值	时间误差/min	实测值	模型值	水位误差
1	大沱岗亭	13：02	13：05	3	1622.23	1621.77	−0.46
2	沙滩坪	13：13	13：24	11	1617.76	1616.99	−0.77
3	老洼牛	13：44	13：59	15	1611.31	1611.77	0.46
4	扎洼	14：07	14：25	18	1606.09	1605.91	−0.18
5	河子坝	15：19	14：57	22	1584.49	1583.84	−0.65
6	牛屎板村	15：48	15：36	12	1543.91	1543.79	−0.12
7	九龙河口	15：55	15：42	13	1524.91	1533.40	8.49
8	朵落沟	16：24	16：28	4	1486.80	1486.47	−0.33
9	萝卜丝沟	17：06	17：12	6	1469.31	1470.27	0.96
10	张家河坝	17：20	17：37	17	1466.49	1465.84	−0.65
11	马头电站	17：38	17：52	14	1457.84	1457.53	−0.31
12	恩渡吊桥	18：11	18：22	11	1444.06	1443.73	−0.33
13	棉锦大桥	18：41	18：56	15	1425.24	1424.83	−0.41
14	万凯丰大桥	19：23	19：33	10	1394.07	1393.97	−0.10
15	江口	19：46	20：05	19	1384.03	1383.67	−0.36

从表 3-4 中可以看出，15 个站点的模拟洪峰到达时间误差都在 30min 以内，模拟洪峰水位除九龙河口站外其余误差都在 1m 以内。该场泄水中，泸宁水文站模拟流量与实际流量过程对比如图 3-14 所示。

3.2.3　2017 年 10 月 4 日泄水水位验证分析

2017 年 10 月 4 日 7 时 25 分左右，锦屏二级闸坝开始调整闸门加

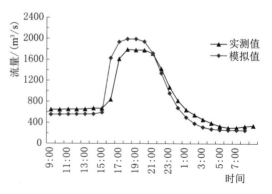

图 3-14　2017 年 9 月 17 日加大泄水情况下泸宁水文站模拟流量与实测流量过程对比

大泄水。锦屏水文站断面处 8：00 左右开始起涨，并于 12：00 左右达到最大流量 2425m³/s，采用大河湾模型模拟该次泄水过程得到各站点处洪峰到达时间和最高水位见表 3-5。表 3-5 中由于缺少大沱岗亭的实测数据，因此未进行该站点的验证。

表 3-5　　　　　2017 年 10 月 4 日锦屏二级加大泄水过程水位验证

序号	站　名	洪峰到达时间			洪峰水位/m		
		实测值	模型值	时间误差/min	实测值	模型值	水位误差
1	大沱岗亭		12：05			1622.40	
2	沙滩坪	12：33	12：22	11	1618.51	1617.66	−0.85
3	老洼牛	12：54	12：58	4	1611.86	1612.42	0.56
4	扎洼	13：27	13：22	5	1606.82	1606.57	−0.25
5	河子坝	14：00	13：50	10	1584.95	1584.37	−0.58
6	牛屎板村	14：38	14：26	12	1544.28	1544.21	−0.07
7	九龙河口	14：55	14：31	24	1525.41	1533.83	8.42
8	朵落沟	15：14	15：14	0	1487.16	1487.02	−0.14
9	萝卜丝沟	15：56	15：57	1	1469.66	1470.83	1.17
10	张家河坝	16：10	16：15	5	1466.91	1466.32	−0.59
11	马头电站	16：28	16：30	2	1458.22	1458.02	−0.20
12	恩渡吊桥	16：41	16：48	7	1444.46	1444.13	−0.33
13	棉锦大桥	17：11	17：24	13	1425.60	1425.26	−0.34
14	万凯丰大桥	17：33	18：02	29	1394.41	1394.37	−0.05
15	江口	18：06	18：29	23	1384.25	1384.05	−0.20

从表 3-5 中可以看出，15 个站点的模拟洪峰到达时间误差都在 30min 以内，模拟洪峰水位除萝卜丝沟站和九龙河口站外其余误差都在 1m 以内。该场泄水中，泸宁水文站模拟流量与实测流量过程对比如图 3-15 所示。

由以上分析可知，三次模拟结果中九龙河口的水位误差都很大，基本在 8m 以上，原因可能是该处断

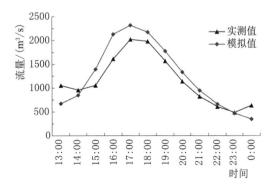

图 3-15　2017 年 10 月 4 日加大泄水情况下泸宁水文站模拟流量与实测流量过程对比

面存在地形输入有误或有地形突变的情况。尽管如此，从其余水文站模拟结果来看，该处局部地形的变化并不影响模型对整个河段的模拟效果。

总体来看，采用一维河道模型构建的大河湾泄水过程模拟能较为准确地预测出锦屏二级下游各断面处的洪水到达时间和洪峰水位值，洪峰达到时间预测误差基本在 30min 以内，洪峰水位误差基本在 1m 以内。

3.3　水动力学模型并行计算研究

采用线程并行、核并行与机器并行相结合，共享内存并行与不共享内存并行混合处理的方式，对模型体系进行并行化处理，其中，线程级的模型内部计算并行采用 OPENMP 模式、核级别和机器级别的模型分布式并行采用消息传递模式（MPI）。

MPI 按照进程和进程之间的对应关系，可以分为点对点通信和集群通信。点对点通信指定数据发送和接收方的一对一关系进行通信。基于三元组消息交换方案，MPI 定义了点对点通信中丰富的消息传递模式。从数据发送和接收的同步方式，可以分为标准通信（在进程自己的缓冲区被释放后才成功返回，不管接收区是否成功接收）、缓存通信（消息发送至缓冲区后，则成功返回）、同步通信（只有在接收进程成功接收后才成功返回）和就绪通信（执行前要等待接收进程的接收请求）等模式，每种模式下又分为阻塞通信和非阻塞通信方式（阻塞通信中，需要所有通信完成才返回、非阻塞通信则无论成功均返回），通信中包含接收函数和发送函数。

MPI 函数库提供的接口方便 C/C++ 和 Fortran 语言的调用，在程序中，通过添加引用 MPI 头函数或 lib 库，便能引用 MPI 库中的相应接口。MPI 提供了由 6 个基本函数组成的子集，其函数名与定义见表 3-6。

表 3-6　　　　　　　　　　　　MPI 中的 6 个基本函数

函数名	含义	作　　用
MPI _ Init	初始化	MPI 的第一个函数调用，通过它连入 MPI 环境
MPI _ Finalize	结束	MPI 程序的最后一条 MPI 语句，从 MPI 环境退出
MPI _ Comm _ size	获取通信域大小	获知在一个通信域中有多少个进程
MPI _ Comm _ rank	获取通信域编号	获取当前进程的进程编号，该编号取值范围为 0 到通信域中的进程-1
MPI _ Send	信息发送	在进程之间信息交换时，发送消息
MPI _ Recv	信息接收	在进程之间信息交换时，接收消息

在 MPI 的基本函数之外，还定义了具有其他功能的函数，研究中还用到的其他函数，包括栅栏函数和时钟函数。MPI_Barrier()，是 MPI 在程序中组件一个栅栏，只有当所有的进程都达到栅栏时，通信域中程序才能继续执行；MPI_Wtime()，MPI 定义的时钟，能返回当前系统的时间，用于程序性能测试。

3.3.1　网格构建

基于 σ 坐标系构建水源地水动力水质模型的网格体系。大范围海量网格的绘制，需要采用并行技术，将区域分块后，再通过一定的技术进行汇总。

为提高模拟的效率，需要最大可能地减少网格中的虚置网格量。通过构建高维网格一维化的方式，将程序循环过程中的 $I=1\sim IM$，$J=1\sim JM$ 的方式改为 $IJ=1$，IJM 的方式，可以有效地实现对虚置网格的削减。在对网格进行整体编号后，按照 I、J 方向，依据网格所在河道的层次级，依次进行扫描。网格扫描过程示意如图 3-16 所示。

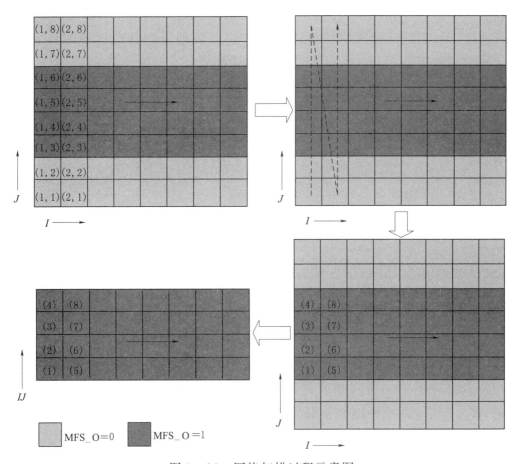

图 3-16　网格扫描过程示意图

网格一维化后，研究区域都可以通过网格分别绘制，然后一维化统一编码，再分割为不同的区块进行并行计算。

3.3.2 区域分块与交换

3.3.2.1 区域分块

对于没有进行二维网格一维化的网格体系，如图 3-17 所示中，深灰色区域为水域范围，浅灰色区域为陆地范围，水域范围参与计算，其 MFS_O=1，而陆地范围不参与计算，其 MFS_O=0。G1 为水体主流流向，Z1、Z2 分别为主流的支流流向。设定当前参与计算的网格数为 IJM，其水平方向上的网格总数满足 $IM \times JM$，其中 IM 为横轴方向上的网格数、JM 为纵轴方向上的网格数。从图 3-17 中可以看出，该网格是按照规则网格的绘制方法绘制的，图中深灰色区域为实际水域网格（湿网格），浅灰色区域为模型计算中不参与计算的网格（干网格），A 区域的网格总数为 $IM \times JM$。从图 3-17 中可以看出不参与计算的浅灰色区域占了大量的区域，这极大地降低了模型的计算速度。而要提高模拟的计算速度，如何有效地屏蔽灰色区域，将其从网格体系中剔除。

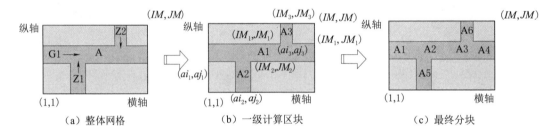

图 3-17 网格分块过程示意图

在网格识别绘制的基础上，根据图 3-17（a）的主流和支流的水系关系，对其网格的空间地理关系进行判断，将流域按水系划分为一级计算区块，将属于 G1 网格编号为 A1，支流 Z1 与 Z2 分别编号为 A2 和 A3，其中 (ai_1, aj_1)、(ai_2, aj_2)、(ai_3, aj_3)、(IM_1, JM_1)、(IM_2, JM_2)、(IM_3, JM_3) 分别为 A1、A2、A3 块网格的最大、最小网格号在整体网格中的网格编号。设定 A1、A2、A3 的网格数分别为 IJM_1、IJM_2、IJM_3，则满足：

$$IJM_1 = (IM_1 - ai_1 + 1) \times (JM_1 - aj_1 + 1) \tag{3-35}$$

$$IJM_2 = (IM_2 - ai_2 + 1) \times (JM_2 - aj_2 + 1) \qquad (3-36)$$

$$IJM_3 = (IM_3 - ai_3 + 1) \times (JM_3 - aj_3 + 1) \qquad (3-37)$$

根据负载平衡原理确定最终区块大小。分布式计算的并行计算速度由负载最大即所要计算网格数最多的节点决定，因此在进行进一步的区域分块前，要根据每个一级分块的水流流向、河道宽度和横纵轴的网格数，确定要将网格分割成最终的最适宜的区块的大小。定义沿水流方向的轴为分割轴，则图3-17中A1、A2、A3的分割轴分别为横轴、纵轴和纵轴，以IJM_1、IJM_2、IJM_3的公约数为参考确定分割的区块的网格总数和最终的网格分块数。如图3-17中的最终分块所示，将A区域共划分为6块分布式计算区域，其中区块间的分割线满足区块重叠区设置的要求。

3.3.2.2　区块重叠区设置

重叠区是分布式计算中为减小模型误差进行区块间数据交换的必备区域。在水动力模拟计算中，需人为设置一条边界范围为干网格不参与模型的计算，而在实际中，由于分块的边界并不是真正的干网格，在其网格上存在着动量与能量的交换，如不对其值进行必要的校正和修改，随着水动力模型的迭代求解，将会引起模型边界的误差过大甚至模型发散。因此重叠区的设定，通过不同分块间的传递进行边界值的校正与替换，能很好地保证模型模拟中的动量与能量符合实际情况。如图3-18所示，为分块间的重叠区设置，设重叠区范围为0，则当水流方向为横轴方向时，在横轴方向上，重叠区的网格数为4，即横轴方向上A1的最大I编号与A2的最小I编号相差为4，满足IM_1-

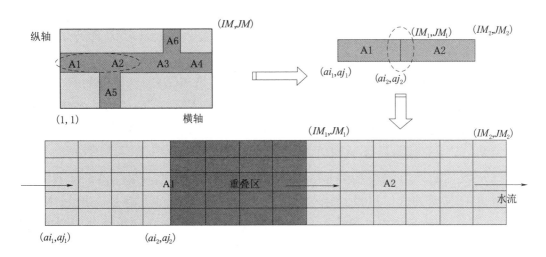

图3-18　重叠区设置过程示意图

$ai_2 = 4$；当水流方向为纵轴方向时，在纵轴方向上，重叠区的网格数为 4，即纵轴方向上 A1 的最大 J 编号与 A2 的最小 J 编号相差为 4，满足 $JM_1 - aj_2 = 4$。

对于已经进行了一维化的网格，则只需要对网格体系中的网格按照从 1 到 IJM 的顺序进行区域分块划分，划分成基本相等的网格块后，再对网格块从 1 开始重新进行编号即可。

3.3.2.3　块间数据交换方案

数据交换的区域发生在相邻分块的重叠区，一般情况下，水动力水质模型的分块的交换方式如图 3-19 所示。

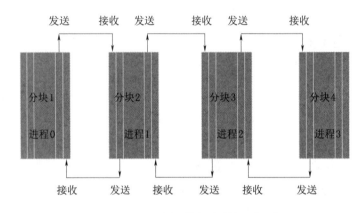

图 3-19　块间数据交换示意图

设定交换的数据带为 4 条，如图 3-20 所示，分块 A1 与 A2 相邻，两者属于横轴方向的分割区，在横轴方向存在 4 条数据交换带。水动力模型中需要进行数据交换的变量为水位、流速、水温和盐度等。数据交换满足以下的交换原则和方法。

（1）数据交换原则：靠近 A1 下边界即 I=I_AM(1,2)−1 与 I=I_AM(1,2) 的数据换成 A2 中 I=I_AM(2,1)+2 与 I=I_AM(2,1)+3 的数据；靠近 A2 上边界的数据即 I=I_AM(2,1) 与 I=I_AM(2,1)+1 的数据换成 A1 中 I=I_AM(1,2)−3 与 I=I_AM(1,2)−2 的数据。

（2）数据交换方法：在模型实现数据交换的过程中，先将 A1 与 A2 要发送给对方的数据通过信息发送函数 MPI_Send 发送到对方地址，通过 MPI_Barrier 函数设定所有节点等待，直到数据发送完成，然后 A2 与 A1 分别启用接收函数 MPI_Recv，接收从对方发送过来的函数，数据接收完成后在进行下一步长的迭代计算。

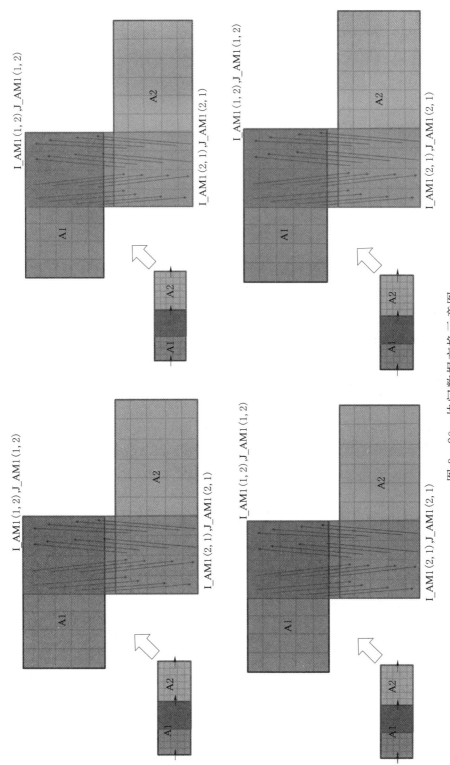

图 3 - 20　块间数据交换示意图

第4章　多安全约束下枢纽群非常规洪水应急调控技术

在前章基础上，本章充分考虑各类洪水情景下水利枢纽与区域控制性防洪工程的协同防洪机制，建立雅砻江流域大型水利枢纽超标洪水应急调度模型，运用深度学习等数据挖掘方法分析不同暴雨洪水、超标洪水情景下特大型水利枢纽的防洪调度和应急调度行为，对枢纽安全约束进行量化，对超标洪水、长期高水位运行等公开应急调度进行研究，为特大型枢纽群面临非常规洪水时安全运行提供技术支撑。

4.1　锦屏梯级枢纽安全约束量化

4.1.1　水垫塘振动安全约束提取

为了解枢纽泄洪结构振动情况，水垫塘振动观测工况见表4-1，深孔和表深孔联合泄洪水垫塘振动均方根如图4-1和图4-2所示，通过分析得到锦屏水电站水垫塘底板安全预警指标见表4-2。

表4-1　　　　　　　　　水垫塘振动观测工况

编号	工况	泄流量/(m³/s)	上游水位/m	下游水位/m
1	4号深孔全开	1090	1880	1646.61
2	2号、4号深孔全开	2080	1880	1647.53
3	2号、4号、5号深孔全开	3270	1880	1648.67
4	1号、2号、4号、5号深孔全开	4360	1880	1650.08
5	1号、2号、3号、4号、5号深孔全开	5450	1880	1651.98
6	2号、3号、4号、5号深孔全开	4360	1880	1650.31
7	2号、3号、4号深孔＋2号、3号表孔全开	5190	1880	1651.69
8	2号、4号深孔＋2号、3号表孔全开	4100	1880	1651.26
9	1号、2号、3号、4号表孔全开	3840	1880	1650.02
10	2号表孔局开25％	329	1879.15	1645.62

续表

编号	工 况	泄流量/(m³/s)	上游水位/m	下游水位/m
11	2号表孔局开 50%	671	1879.15	1645.81
12	3号表孔局开 25%	329	1879.15	1645.62
13	3号表孔局开 50%	671	1879.15	1645.85
14	3号表孔全开	980	1879.15	1646.20

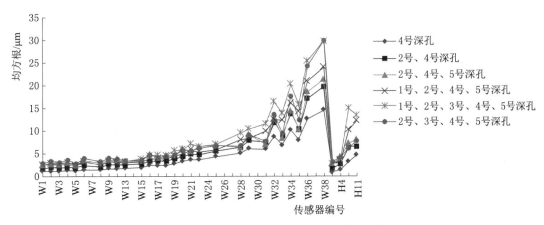

图 4-1 深孔泄洪水垫塘振动均方根

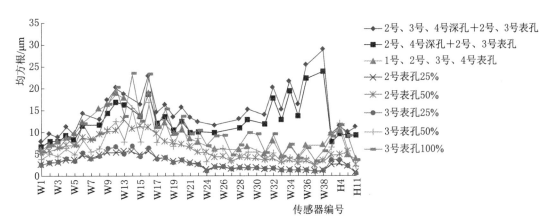

图 4-2 表深孔联合泄洪水垫塘振动均方根

表 4-2 锦屏水电站水垫塘底板安全预警指标

等级指标	正常状态（绿色）	异常状态（黄色）	险情状态（红色）
优势频率/Hz	>0.35	0.2~0.35	<0.2
极值/μm	<100	100~220	>220
均方根/μm	<32	32~70	>70

续表

等级指标	正常状态（绿色）	异常状态（黄色）	险情状态（红色）
偏差系数	$-0.5\sim0.5$	$0.5\sim2$ 或 $-2\sim-0.5$	<-2 或 >2
峰度系数	$2\sim6$	$0\sim2$；$6\sim15$	>15
振幅比系数	$0\sim1.5$	$1.5\sim4.5$	>4.5
K 值	<4.0	$4.0\sim12$	>12

结合图 4-1、图 4-2 和表 4-2，可得以下 4 条安全约束：

（1）在上游水位 1880m 深孔泄洪的工况下，水垫塘内的振动幅度沿水流方向逐渐增大，且基本与坝身泄流量正相关；对比 2 号、3 号、4 号、5 号深孔和 1 号、2 号、4 号、5 号深孔两工况的垂直振动情况可知，在深孔泄流量相同时，对称泄洪方式可降低水垫塘垂直振动的幅度，有利于水垫塘结构的稳定。

（2）通过对比深孔泄洪、表孔泄洪及表深孔联合泄洪的振动位移双幅值及均方根可知，在正常蓄水位进行坝身泄洪时，采用表孔泄洪的水垫塘振动程度最小，且采用孔口对称方式泄洪会使水垫塘的结构动力特性更为稳定。

（3）在表孔泄洪的工况下，对比 1 号、2 号、3 号、4 号表孔全开和 3 号表孔全开的振动情况可知，虽然 4 个表孔全开时泄流量很大，但其下游水垫较厚，对下泄水流的缓冲作用更为明显，因此水垫塘大部分区域的振动幅度反而略低于 3 号表孔全开的工况。在单表孔泄洪时，水垫塘内的振动幅度随着闸门开度的增大而增大。因此满足流量条件下尽可能用表孔全开工况泄洪。

（4）根据观测数据拟合曲线（见图 4-3）可得振动安全警戒流量上限为 $4867\text{m}^3/\text{s}$。

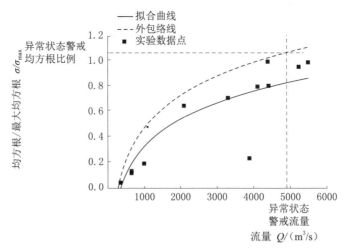

图 4-3　异常状态拟合外包络线

4.1.2　坝体振动安全约束提取

为了解枢纽泄洪结构振动情况，设置现场原型观测，多孔和单孔第一次坝体振动位移观测工况见表4-3和表4-4，表深孔联合泄洪引起的坝体振动均方根如图4-4所示，通过分析得到锦屏水电站坝体安全预警指标，见表4-5。

表4-3　　　　　第一次坝体振动位移观测工况表（多孔）

工况	闸门开启方式	泄流量/(m³/s)	上游水位/m	下游水位/m	均方根/μm
工况1	2号、4号、5号深孔全开	3270	1880.00	1648.67	12.67
工况2	1号、2号、4号、5号深孔全开	4360	1880.00	1650.08	10.14
工况3	1号、2号、3号、4号、5号深孔全开	5450	1880.00	1651.98	9.35
工况4	2号、3号、4号、5号深孔全开	4360	1880.00	1650.31	8.49
工况5	2号、3号、4号深孔＋2号、3号表孔全开	5190	1880.00	1651.69	5.80
工况6	2号、4号深孔＋2号、3号表孔全开	4100	1880.00	1651.26	4.57
工况7	1号、2号、3号、4号表孔全开	3840	1880.00	1650.02	4.12

表4-4　　　　　第一次坝体振动位移观测工况表（单孔）

工况	闸门开启方式	泄流量/(m³/s)	上游水位/m	下游水位/m	均方根/μm
工况1	2号表孔局开25%	329	1879.15	1645.62	2.33
工况2	2号表孔局开50%	671	1879.15	1645.81	3.62
工况3	3号表孔局开25%	329	1879.15	1645.62	2.50
工况4	3号表孔局开50%	671	1879.15	1645.85	3.86
工况5	3号表孔全开	980	1879.15	1646.20	4.03

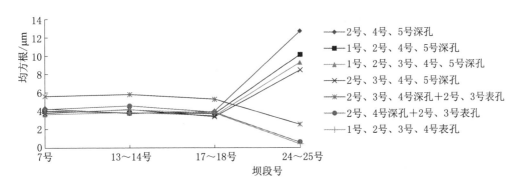

图4-4　表深孔联合泄洪引起的坝体振动均方根

（参见文后彩图）

表 4-5　　　　　　　　　　锦屏水电站坝体安全预警指标

等级指标	正常状态（绿色）	异常状态（黄色）	险情状态（红色）
优势频率/Hz	>0.35	0.2～0.35	<0.2
双幅值/μm	<100	100～480	>480
均方根/μm	<10	10～60	>60
偏差系数	-0.5～0.5	0.5～2 或-2～-0.5	<-2 或>2
峰度系数	2～6	0～2；6～15	>15
振幅比系数	0～1.5	1.5～4.5	>4.5
K 值	<4.0	4.0～12	>12

通过拟合以上工况流量和振动均方根关系得出正常和异常状态边界为 $4346m^3/s$，如图 4-5 所示。

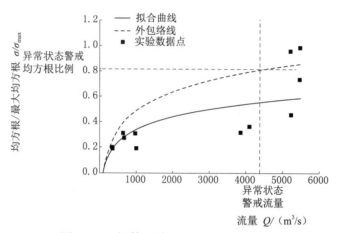

图 4-5　坝体异常状态拟合外包络线

4.1.3　水力防冲安全约束提取

洪水期泄洪易造成明渠段闸底板冲蚀和河床段导墙淘刷问题。本小节研究内容为利用闸门间流量分配和各等级泄洪总流量所对应下游水位进行最优配合，对下游水力防冲安全进行调控，最终得到闸门开度组合约束。明渠段通过分析试验数据，提取下游形成淹没式水跃并且不会发生冲蚀破坏的最大化分担河床段泄洪压力的最优闸门组合开度。河床段通过数值模拟手段研究降低右侧导墙消力池处临底流速的最优闸门组合开度。

4.1.3.1　明渠段闸门开度组合优化

通过引用试验报告《桐子林水电站枢纽水力学模型试验研究报告》的内容总结得到结论如下。

（1）表4-6为上游库水位为1015m的6个试验工况：①通过对比工况5、工况6得出结论，明渠消力池末端冲蚀深度随明渠5～7号孔单孔下泄流量增大。②通过对比工况2～工况4得出结论，河床段导墙右侧临底流速随河床段4号孔单孔下泄流量增大。③另外，通过对比工况1、工况2得出结论，河床段单孔下泄流量相同，下游水位越浅（总下泄流量越小），其下游冲刷情况越严重。这也是所有工况中河床段导墙临底流速不随单孔流量线性增长的原因。

表4-6　　　　　　　明渠段下游冲蚀及河床段导墙淘刷试验成果

工况	流量 /(m³/s)	单孔流量 /(m³/s)	运行方式	明渠消力池末端 冲蚀高程/m	河床段右侧导墙消力池处 临底流速/(m³/s)
1	2000	1000	2号、3号孔开度4.62m	—	3.38
2	4000	1000	1～4号孔开度4.62m	—	2.44
3	6000	1500	1～4号孔开度7.56m	—	4.19
4	8060	2015	1～4号孔开度11.2m	—	4.23
5	12600	1800	1～7号孔开度10.08m	966.58	4.11
6	16600	2371	1～7号孔开度14m	966.36	4.18

（2）表4-7为上游库水位为1015m时单独启用明渠进行泄洪的下游河道水流流速流态。得到结论：当泄洪闸总泄洪流量小于6000m³/s时，若启用明渠段5～7号闸门会由于闸门开度较小导致明渠段水流流速过大而造成无法形成稳定水跃，从而导致闸底板冲蚀，为规避此风险，总泄洪流量在小于6000m³/s等级通过开启1～4号泄洪闸门泄洪。

表4-7　　　　　　　明渠段单独运行下游河道流速流态

工况	流量/(m³/s)	运行方式	是否形成稳定水跃	明渠出口最大临底流速/(m³/s)
1	1000	5号、7号均匀开启	否	3.54
2	1000	6号孔开启	否	6.71
3	2000	5～7号均匀开启	否	11.1
4	3000	5～7号均匀开启	否	14.1
5	4000	5～7号均匀开启	否	12.01

（3）从表4-8中可以看出，回流会加大河床消力池末端淘刷，因此1号、4号孔闸门开度不能过小，应开启1号、4号孔闸门以减小河床两侧回流，从而减弱回流对消力池末端的冲刷。

表 4-8　　　　　　河床段不同运行方式导墙侧临底流速

流量/(m³/s)	单孔流量/(m³/s)	运行方式	河床段右导墙临底流速/(m³/s)
2000	1000	1 号、4 号孔开度 4.62m	3.38
2000	1000	2 号、3 号孔开度 4.62m	−2.81

（4）总下泄流量大于 6000m³/s 情况，引入明渠安全泄量的概念，即既能保证淹没式水跃的消能效果（闸门开度不宜过小）又能保证下游河道水流流速流态符合安全要求的明渠最大过流量。具体由试验结果量化的各个泄洪流量等级的明渠最大过流量见表 4-9。

表 4-9　　桐子林水电站 1～7 号孔泄洪闸运行方式（分界流量 6000m³/s）

分级流量 /(m³/s)	开启泄洪闸编号	调节泄洪闸编号	说　　明
700～1400	2 号、3 号	2 号、3 号均调	同开度
1400～2800	1～4 号	1 号、4 号均调	单孔泄量可控制在 700m³/s
2800～4200	1～4 号	2 号、3 号均调	单孔泄量可控制在 700m³/s
4200～6000	1～4 号	1 号、4 号均调	单孔泄量可控制在 1400m³/s
6000～7100	1～7 号	调节顺序 6 号→7 号→5 号	5～7 号泄洪闸单孔泄量 500m³/s
7100～8600	1～7 号	调节顺序 6 号→7 号→5 号	5～7 号泄洪闸单孔泄量 1000m³/s
8600～9800	1～7 号	调节顺序 6 号→7 号→5 号	5～7 号泄洪闸单孔泄量 1400m³/s
9800～12200	1～7 号	1～4 号均调	5～7 号泄洪闸泄量控制在 4200m³/s 左右
12200～14000	1～7 号	5～7 号均调	5～7 号泄洪闸单孔泄量 2000m³/s
14000～18300	1～7 号	7 孔均调	

注　当泄量小于 6000m³/s 时，单孔流量误差可控制在 10% 以内。

综上所述，结合上述试验结论与电站闸门调控规程得到的泄洪闸推荐运行方式见表 4-9。

本书以 1000m³/s 的泄洪流量间隔为变化等级对闸门开度最优组合进行示范。在闸门运行规程基础上根据以上运行建议，设置闸门运行方式见表 4-10。

表 4-10　　　　桐子林水电站 1～7 号孔泄洪闸开度优化原型

2 号、3 号闸门开度/m	1 号、4 号闸门开度/m	5 号、6 号、7 号闸门开度/m	总流量/(m³/s)
2.35			1000
3.40	1.35		2000
3.95	3.40		3000

2号、3号闸门开度/m	1号、4号闸门开度/m	5号、6号、7号闸门开度/m	总流量/(m³/s)
6.50	4.00		4000
7.85	5.75		5000
5.90	5.90	2.35	6000
7.65	7.65	2.35	7000
6.75	6.75	5.30	8000
6.40	6.40	7.85	9000
8.20	8.20	7.85	10000
10.20	10.20	7.85	11000
12.50	12.50	7.85	12000
10.65	10.65	12.95	13000
12.95	12.95	12.95	14000
14.35	14.35	14.35	15000
15.70	15.70	15.70	16000
15.75	15.75	15.75	17000
15.85	15.85	15.85	18000
16.00	16.00	16.00	19000

4.1.3.2　河床段闸门开度组合优化

继 4.1.3.1 节对各泄洪流量等级下明渠段闸门开度组合和泄洪总流量 6000m³/s 以下河床段闸门开度组合进行优化后，对泄洪总流量 6000m³/s 以上河床段闸门开度组合进行优化。

具体目标为在寻求明渠泄洪闸分担最大流量（保证形成淹没式水跃合理消能且下游不发生冲蚀破坏的明渠安全流量）的基础上，采用数值模拟手段研究如何分配河床段闸门开度以最小化河床段右导墙消力池处临底流速大小，以保护其免受淘刷破坏。由电站闸门调控规程得：①在各级流量下泄洪闸工作闸门均采用对称、均匀、同步开启；②已开启泄洪闸相邻闸孔开度的最大允许开度差为 2.5m。

针对所有泄洪闸门都参与泄洪的工况（泄流量 6000m³/s 以上），各泄洪流量等级在闸门启闭规程下的河床段闸门开度组合优化工况设置见表 4-11。泄洪闸下游流场采用三维水动力学模拟软件 FLOW-3D 进行计算。如前所述，上游水位均设置为正常蓄水位 1015m。

表4-11　　　桐子林水电站1～7号孔泄洪闸开度组合优化工况

工况	2号、3号闸门开度 /m	1号、4号闸门开度 /m	5号、6号、7号闸门开度 /m	总流量 /(m³/s)	下游水位 /m
1	5.90	5.90	2.35	6000	995.52
2	7.15	4.65	2.35	6000	995.52
3	7.65	7.65	2.35	7000	996.56
4	8.90	6.40	2.35	7000	996.56
5	6.75	6.75	5.30	8000	997.60
6	8.00	5.50	5.30	8000	997.60
7	6.40	6.40	7.85	9000	998.63
8	7.65	5.15	7.85	9000	998.63
9	8.20	8.20	7.85	10000	999.67
10	9.45	6.95	7.85	10000	999.67
11	10.20	10.20	7.85	11000	1000.71
12	11.45	8.95	7.85	11000	1000.71
13	12.50	12.50	7.85	12000	1001.74
14	13.75	11.25	7.85	12000	1001.74
15	10.65	10.65	12.95	13000	1002.78
16	11.90	9.40	12.95	13000	1002.78
17	12.95	12.95	12.95	14000	1003.82
18	14.20	11.70	12.95	14000	1003.82
19	14.35	14.35	14.35	15000	1004.85
20	15.60	13.10	14.35	15000	1004.85
21	15.70	15.70	15.70	16000	1005.89
22	16	15.40	15.70	16000	1005.89
23	15.75	15.75	15.75	17000	1006.93
24	16	15.50	15.75	17000	1006.93
25	15.85	15.85	15.85	18000	1007.97
26	16	15.70	15.85	18000	1007.97

　　本章建立桐子林水电站水动力学模型见图4-6，主要研究区域为河床4孔泄洪闸和右侧导流明渠3孔泄洪闸下游流场。横河向方向长为416m，包括七孔泄洪闸和发电厂房；高程方向长为60m，包括地基和水工建筑物；顺河向长为546m，包括坝前和坝下区域。边界条件设置如下：水闸上游采用压力

边界，并设定上游水位；泄洪闸入口采用入流边界，设置相应的入流量及上游水位；下游出口采用压力边界，同样设定下游水位；地基采用墙体边界；其他边界采用对称边界条件。

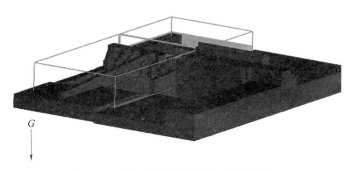

图 4-6　桐子林水电站水动力学模型

本章所建立的水动力学模型通过现场观测得到的水跃流态进行率定。验证工况设置见表 4-12。水动力模型剖面水跃计算结果如图 4-7 所示。

表 4-12　　　　桐子林水电站泄洪闸水动力学模型验证工况

上游库水位 /m	下游水位 /m	泄洪闸溢弃流量 /(m³/s)	1号、2号、3号、4号闸门 开度/m	5号、6号、7号闸门 开度/m
1013.5	997.46	7750	7.92	3.41

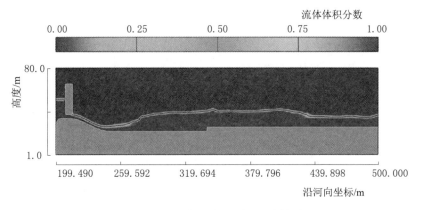

图 4-7　水动力模型剖面水跃计算结果图
（参见文后彩图）

图 4-8 和图 4-9 为表 4-11 所设置工况 1 和工况 2 明渠左导墙左侧临底流速计算结果云图，表 4-13 为表 4-11 所设置所有工况的计算结果。最终分析得到结论为：当河床段 1号、4号闸门开度较小时，其单宽泄洪流量随之减小，使得导墙消力池临底流速降低，可降低导墙淘刷风险。

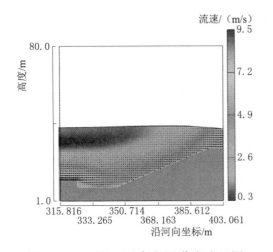

图 4-8　工况 1 河床段河道流速云图
（参见文后彩图）

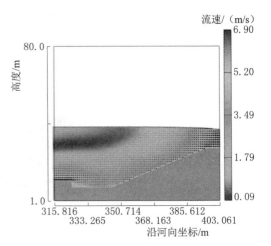

图 4-9　工况 2 河床段河道流速云图
（参见文后彩图）

表 4-13　　　各工况下闸门开度优化前后导墙消力池处临底流速

工况	优化前最大临底流速 /(m³/s)	工况	优化后最大临底流速 /(m³/s)
1	4.90	2	3.49
3	6.00	4	3.51
5	5.64	6	3.99
7	5.73	8	4.46
9	6.00	10	4.90
11	6.60	12	5.10
13	6.60	14	5.20
15	6.80	16	5.50
17	6.30	18	4.76
19	6.20	20	4.40
21	5.00	22	4.37
23	4.14	24	3.96
25	4.14	26	3.50

4.1.3.3　闸门开度组合安全约束提取

通过总结 4.1.3.1 节和 4.1.3.2 节的明渠段和河床段闸门开度组合优化结果，可得到闸门开度组合安全约束如图 4-10 所示。以 1000m³/s 为一个区间对闸门开度进行调控，例如 5500~6500m³/s 均从属于流量类 Q_{6000}，图中所示即泄洪闸总下泄流量在此范围时对应的闸门最优组合开度。

图 4-10 为通过总结试验与数值模拟手段结果得到的明渠段和河床段闸门开度组合优化结果。以 1000m³/s 为一个区间对闸门开度进行调控，例如（5500，6500）m³/s 均从属于流量类 Q_{6000}，图 4-10 中所示即泄洪闸总下泄流量在此范围时对应的闸门最优组合开度，图 4-10 中内容作为闸门开度组合安全约束耦合到后续泄洪优化调控模型中。

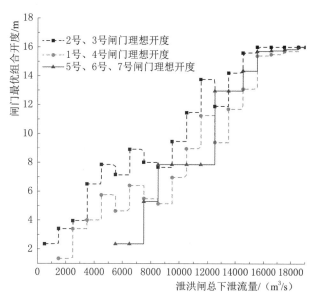

图 4-10　闸门开度组合安全约束

4.1.4　冲沙安全约束提取

4.1.4.1　现场冲沙试验

为解决锦屏二级水库泥沙淤积问题，锦屏二级水电站于 2016 年 9 月 24 日对锦屏二级库区实施冲刷实验。冲沙实验分为 5 个步骤：①加大锦屏一级出库流量；②锦屏二级停机并开启拦河闸坝闸门；③加大锦屏一级出库流量；④减小锦屏一级出库流量；⑤恢复锦屏二级发电。为了防止泥沙进入引水隧洞，在敞泄冲沙过程中，锦屏二级水电站进水口保持关闭。

根据《锦屏二级库区泄洪冲沙实验报告》，2016 年 9 月 21—23 日，冲沙实验前，采用单、多波束测量等方法完成锦屏西桥下游约 182m 至锦屏二级闸坝间的库区河道地形监测。2016 年 9 月 26—30 日，冲沙试验后，采用多波束测量等方法完成锦屏西桥下至锦屏二级闸坝间的库区河道地形监测，冲沙前后河道现场监测如图 4-11 所示。

本次冲沙实验共造成整个锦屏二级库区高程 1640m 以下河道部分形成约 -30.76 万 m³ 泥沙冲刷。库区锦屏二级闸坝到景峰桥下游 182m 河段：高程 1640m 以下部分泥沙冲刷总量约为 -3.46 万 m³。景峰桥下游 182m 河段至锦屏西桥河段高程 1640m 以下部分泥沙冲刷：由于该河段缺少冲沙实验前的多波束测绘数据，冲淤方量、库容计算使用《锦屏二级水电站库区泥沙监测系

| （a）冲沙前 | （b）冲沙后 |

图 4-11　冲沙前后河道地形现场监测

统建设库区地形图》（2016 年 5 月）与 2016 年 9 月多波束测绘的库区地形图进行对比计算，参考冲淤方量约为－16.2 万 m³。锦屏西桥到一级坝河段高程1640m 以下部分泥沙冲刷：由于该河段缺少冲沙实验前的多波束测绘数据，冲淤方量、库容计算使用《锦屏二级水电站库区泥沙监测系统建设库区地形图》（2016 年 5 月）与 2016 年 9 月多波束测绘的库区地形图进行对比计算，参考总量约为－11.1 万 m³。

4.1.4.2　数值模拟合理性验证

根据锦屏二级库区冲沙前河道多普勒地形等高线图，提取三维坐标值，通过 Civil 3D 建立三维地形图，如图 4-12 所示。模拟范围从锦屏一级二道坝到锦屏二级泄洪闸，计算区域长 7km、宽 1.3km。

图 4-12　锦屏二级库区冲沙前河道三维地形图

网格划分采用结构化网格，横向 120 个、纵向 120 个、垂向 10 层，每个网格平均长 58m、宽 11m、高 20m，在进水口附近网格局部加密，网格总数共计 24 万个。

Flow 3D 特有的泥沙模块可设置多种粒径泥沙，根据锦屏二级河段实测床沙级配（见图 4-13），考虑到模型与实际相符性及计算效率，共设置 5 种代表粒径，分别为 10mm、85mm、175mm、250mm 和 400mm，各种粒径泥沙所占百分比分别为 14%、36%、14%、22%、14%，分别代表真实河道不同粒径范围的泥沙。

边界条件设置：入流边界采用流量入口边界，流量大小和入流水位按照 2016 年 9 月 24 日冲沙实验实测数据给出；出流边界设为自由出流以模拟实际畅泄冲沙过程；自由表面为空气，设为无滑移对称边界；底边界与侧边界均设为壁面边界。

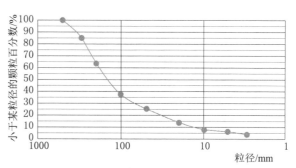

图 4-13 锦屏二级河段实测床沙级配曲线

初始条件：泥沙部分采用锦屏二级冲沙实验前实测地形数据，初始水位设为 1645m，为锦屏二级正常蓄水位。

根据 2016 年 9 月 24 日冲沙实验过程中实测数据，选取锦屏二级进水口实测水位值，计算水位与实测水位见表 4-14。结果表明计算水位与实测水位吻合较好，所建三维数值模型能准确模拟水流流场。

表 4-14 锦屏二级进水口水位计算值与实测值对比

时间	实测水位/m	计算水位/m	误差/m
2016-9-24 7:00:00	1638.61	1638.58	0.03
2016-9-24 8:00:00	1638.57	1638.49	0.08
2016-9-24 9:00:00	1638.9	1638.8	0.10

根据实测地形资料，此次冲沙实验共形成锦屏二级库区从锦屏一级二道坝到锦屏二级闸坝 30.76 万 m^3 泥沙冲刷。数值模拟结果表明，库区泥沙总体积减少 30.16 万 m^3，泥沙冲刷总量实测值与计算值吻合良好。

根据实测地形资料，在二级进水口 $y = 3524000m$ 横断面附近，冲刷实验前河底高程最小值为 1629.31m，冲刷实验后河底高程最小值为 1629.36m，整体变化不大，数值模拟计算前后高程对比如图 4-14 所示，与实测数据吻合较好，反映了实际变化规律。

由此可见，无论从整体输沙

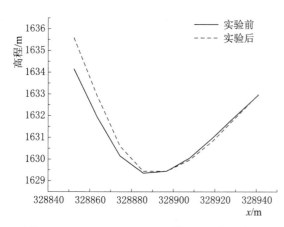

图 4-14 $y = 3524000m$ 横断面冲沙实验前后高程对比示意图

总量还是局部断面变化情况，计算结果都与实际测量结果基本一致，所建三维数值模型能够在泥沙输移方面模拟锦屏二级实际冲沙过程。

4.1.4.3　冲沙优化调控策略提取

1. 锦屏二级水库冲沙过程入流形式优化

根据锦屏二级冲沙实验实测资料，锦屏二级进水口完全关闭到冲沙实验结束全过程历时为14h，在此过程中用水总量约为1.73亿m^3，平均流量为3428.25m^3/s，此过程中流量变化速度最大为每小时1495m^3/s。

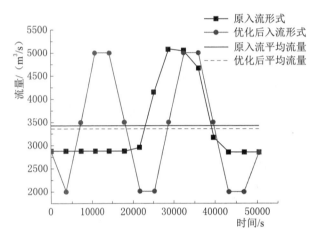

图4-15　优化后入流形式与原入流形式对比图

根据前文研究结果显示，实际冲沙实验过程中小流量作用很小且持续时间过长，造成冲沙用水浪费，且根据物理模型试验，上下变动的非常规洪水冲沙效果优于恒定流量洪水冲沙效果。基于此设计一种上下变动的非常规洪水，优化后入流形式与原入流形式对比如图4-15所示，流量起始值与结束值与原冲沙实验相同，除首末2h用于与流量起始值与结束值衔接，中间12h为对称非常规洪水。此非常规洪水入流过程中，考虑下游防洪安全使整个洪峰流量过程总水量小于原实际冲沙过程，且流量变化可达到峰值流量，设计两个周期非常规洪水，峰值流量为5000m^3/s，接近且小于原最大流量5082m^3/s，满足锦屏一级已有可实现泄流最大能力，基值流量为2000m^3/s，中间过程平均流量为3500m^3/s，流量变化过程速度为每小时1500m^3/s，接近于实际冲沙实验过程中流量最大变化速度。总体而言，优化后入流平均流量为3346.96m^3/s，接近且小于原平均流量3428.25m^3/s，总用水量约为1.68亿m^3，小于原用水总量1.73亿m^3。根据数值计算结果显示，优化后总输沙量约为33.53万m^3，大于原输沙量30.16万m^3，说明此入流模式可行，可实现输沙效果优化。

2. 流量变化速度对输沙效果影响研究

在此合理入流形式基础上，研究流量变化速度对输沙效果影响，在平均流相等，总时长相等即总用水量相等，峰流流量与基流流量相等的条件下，设计三种流量变化速度，分别为每小时变化1500m^3/s、3000m^3/s及6000m^3/s。

如图4-16所示，随着流量变化速度的不同，输沙量也不同，流量变化速度与输沙量关系如图4-17所示。

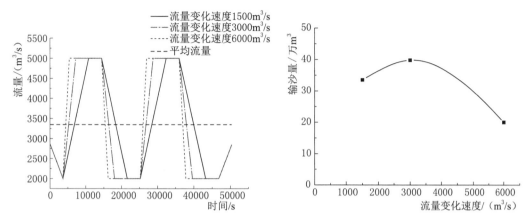

图4-16　不同流量变化速度入流形式对比图　图4-17　流量变化速度与输沙量关系图

由图4-17可知，随着流量变化速度增加，输沙总量先增大后减小，在每小时变化3000m³/s时取得最大值，其输沙总量为39.78万m³，造成此现象的原因是：流量变化速度较小时，水流紊动性较小，即水流非恒定性较弱，随着流量变化速度的增加，水流紊动性增强，输沙量增大。当流量变化速度超过某一值时，由于流量变化速度快，变化过程中水流紊动性强，但同时变化过程用时缩短，由于水流非恒定性增加的输沙量减小。

3. 流量变化幅度对输沙效果影响研究

根据合理的流量变化速度在平均流量不变的条件下，且在锦屏一级可达到最大泄流能力范围内，可适当增大流量变化幅度，图4-18～图4-20分别为不同变幅下入流形式示意图。其中图4-20实现停冲操作，即冲一段时间再停一段时间。图4-21为不同流量变幅条件下库区泥沙体积变化过程图，其中原冲沙实验库区泥沙总体积减小30.16万m³；改变入流形式并采用合理流量变化速度，峰流流量为5000m³/s时，库区泥沙总体积减小39.8万m³；流量变幅增大，峰流流量为6500m³/s时，库区泥沙总体积减小48.4万m³；当峰流流量为7000m³/s，即停冲操作下，库区泥沙总体积减小量高达66.95万m³。

由图4-18可知，在与原冲沙实验平均流量基本相等，时长相等即总用水量基本相等的条件下，通过增大非常规洪水流量变化幅度，输沙总量大大增加。从图4-18中可以看出，在两个入流周期条件下，不同流量变幅的非常规洪水输沙总量阶梯状减少两次，且流量变幅越大，阶梯状输沙量减少幅度越大，造成此现象的原因是：流量变幅越大，流量变化过程越剧烈，水流的紊动性越强，受水流扰动河床泥沙更易被带动向下游输移，且不易重新回落于床面。由此可知，在锦屏一级可达到的泄流能力及满足下游防洪安全条件下，尽可能增大流量变幅以达到更好的输沙效果。

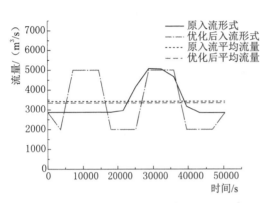

图 4-18　峰流 5000m³/s，基流 2000m³/s

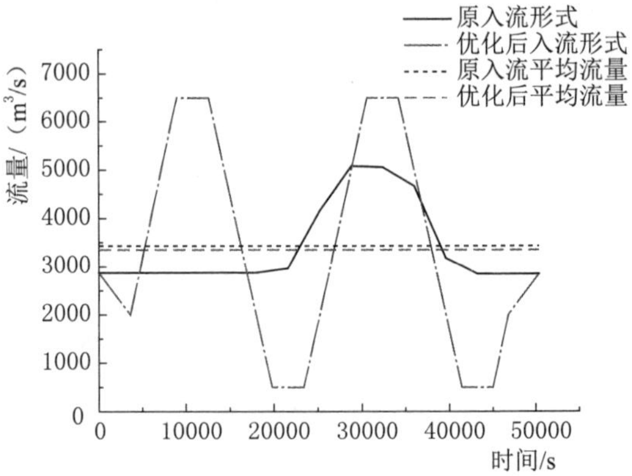

图 4-19　峰流 6500m³/s，基流 500m³/s

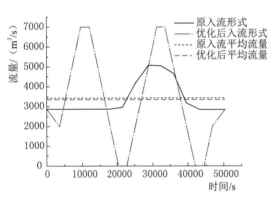

图 4-20　峰流 7000m³/s，基流 0m³/s

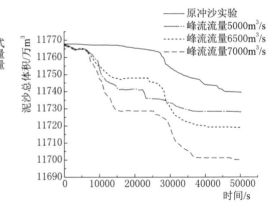

图 4-21　不同流量变幅下库区泥沙变化过程

根据数值计算结果，此横断面附近，原冲沙实验前后河底高程整体变化不大，在平均流量不变总用水量不变的条件下，通过峰流流量为 6500m³/s、基流流量为 500m³/s 的非恒定入流条件下，进水口附近横断面泥沙淤积高程明显降低，如图 4-22 所示。由此可见，变幅度的非常规洪水可实现较好的冲沙效果，可更有效地解决进水口附近泥沙淤积问题。

4. 非对称非常规洪水下输沙效果优化

锦屏一级最大泄流能力有限，且为了保证下游安全，峰流流量不宜过大，根据前文研究成果，可在不增大原有峰流流量情况下，通过减小基流流量、减小基流时长在总时长中所占比值，形成在时间尺度上不对称的非常规洪水，以达到同等平均流量与总水量下实现更好的冲沙效果。设计一种非对称非常规洪水，在不改变峰流流量 $5000\text{m}^3/\text{s}$ 的条件下，与对称非常规洪水相比，在流量变化速度为最佳变化速度 $3000\text{m}^3/\text{s}$ 时，非对称入流输沙总量为 46.5 万 m^3，优于对称入流输沙总量 39.8 万 m^3；在流量变化速度为 $6000\text{m}^3/\text{s}$ 时，非对称入流输

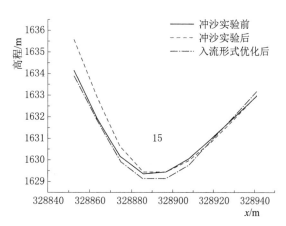

图 4-22 不同入流下 $y = 3524000\text{m}$ 横断面高程变化示意图

沙总量为 37.4 万 m^3，优于对称入流输沙总量 20 万 m^3。以最佳工况流量变化速度 $3000\text{m}^3/\text{s}$ 为例，其对称非常规洪水入流形式与非对称非常规洪水入流形式对比如图 4-23 所示。

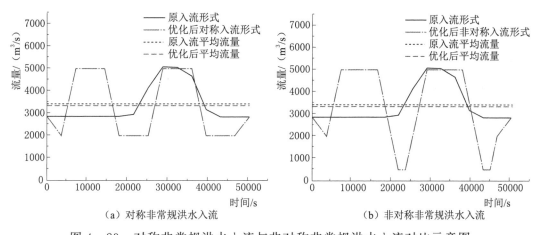

（a）对称非常规洪水入流　　　　　（b）非对称非常规洪水入流

图 4-23 对称非常规洪水入流与非对称非常规洪水入流对比示意图

　　本章根据已建立的锦屏二级泥沙输移三维数值模型，通过研究不同入流方式下库区淤积泥沙变化，从而设计合理的非常规洪水入流方式，以实现输沙效果优化。

　　（1）设计了一种上下变动的非常规洪水入流形式，峰值流量与流量变化速度满足原冲沙实验条件，平均流量与原冲沙实验基本相等，优化后入流形式与原入流形式相比，总用水量较小而输沙量较大，由此说明此入流形式可实现输沙效果优化。

（2）在同等变幅条件下，不同的流量变化速度输沙量不同。考虑较大的流量变化速度产生较大的水流紊动，以及流量变化速度过大历时过短对水流扰动时间不足两个因素，得到流量变化速度为每小时 3000m³/s 时输沙效果最佳。

（3）在锦屏二级可实现流量变幅增大，峰值流量增大的条件下，随着流量变幅的增加，输沙量增加，峰值流量为 5000m³/s 时输沙量为 39.8 万 m³；峰流流量为 6500m³/s 时输沙量为 48.4 万 m³；当峰流流量为 7000m³/s，即停冲操作下，输沙量高达 66.95 万 m³。由此可见，流量变幅增大对冲沙效果作用明显，通过对大幅度下非常规洪水输沙过程进行研究表明，流量变幅越大，流量变化过程越剧烈，水流的紊动性越强，受水流扰动河床泥沙更易被带动向下游输移，上下变动的非恒定流基流流量不止起到均衡峰流流量，使平均流量较小及上下变动增大水流紊动的作用，还起到使水位降低使较大流量达到更佳冲沙效果的作用。且在非常规洪水过程中输沙率变化与水流要素变化呈现出不同步现象。

（4）在锦屏二级峰值流量受限制，需兼顾考虑下游安全条件下，可通过在时间尺度上不对称的非常规洪水入流增大输沙量。在不改变峰流流量 5000m³/s 的条件下，与对称非常规洪水入流相比，非对称入流输沙总量为 46.5 万 m³，优于对称入流输沙总量 39.8 万 m³。与对称非常规洪水输沙相比较，非对称非常规洪水水流紊动性更强，非恒定性更大，这是因为在满足平均流量不变的条件下，基流所占时长越小，基流流量越小，流量变幅越大，水流非恒定性越强，输沙效果越佳，且基流越小，水位降低越多，越能使较大流量时冲沙效果更佳。

4.1.5　溃坝安全约束提取

利用 HEC-DAMBREAK 模型，模拟雅砻江流域梯级水电站在面临上游枢纽水电站溃坝时下游河道的洪水演进情况，提取溃坝安全约束，为建立下游水库在溃坝情况下的应急调控模型提供条件。

流域梯级水库在上游溃坝时会造成下游水库一系列的连锁反应，如何控制水库群的防洪风险成为溃坝这种特殊工况下水库群运行的关键。对于锦屏梯级水库而言，如何在锦屏一级水库溃坝的情况下，通过科学调控下游枢纽，最大限度降低洪水风险是流域安全运行亟须解决的问题。技术路线如下所述：

（1）使用当前较全面、详尽的 HEC-DAMBREAK 模型模拟溃坝洪水过程：梯级水库下游河道洪水波运动，结合 MATLAB 软件模拟溃坝洪水发生时通过溃口的宽顶堰流量、通过溢洪道的流量及洪峰值到达时间，做好数据准备。

（2）建立梯级水库防洪调控模型，求得降低溃坝防洪风险的最优调控方案，并提出对应防洪调控策略。

溃坝洪水分析计算的内容是：拟订不同的溃决方案，计算其溃决处洪水过程和溃坝洪水在下游的演进过程，分析溃坝洪水对下游主要地物点的影响，提出相应的对策和措施。锦屏一级水电站坝址位于雅砻江中游四川省木里藏族自治县境内的锦屏一级峡谷河段内。锦屏一级溃坝洪水计算范围为锦屏一级坝址至雅砻江河口下游，长 11km，溃坝洪水演进计算河段长 367.8km。溃坝洪水演进计算河段示意图如图 4-24 所示。

图 4-24　溃坝洪水演进计算河段示意图

4.1.5.1　水动力模型构建

HEC-RAS 可应用于混凝土坝的瞬溃，结果中的洪水波应用非恒定流方程来求解。计算采用经移植和改进的美国国家气象局 DAMBRK 溃坝洪水计算数学模型。模型由三部分组成：①大坝溃决形态描述，即溃口的几何形态及其随时间的变化；②计算溃口下泄流量过程，溃口下泄流量与溃口形状、入库流量、库容、溃口上下游水位等有关；③计算溃坝洪水在下游的演进，即考虑洪水波受下游河道地形的时空变化。

溃决历时小于等于 10min 的溃决称为瞬溃。在溃决历时内，模型假定自坝顶向下，溃决口门底宽始终不变，直至形成终极口门尺寸，以此表示溃口是崩塌形成。对溃决历时大于 10min 的渐溃，模型假定坝体溃决是从点开始，在溃决历时内，口门底宽从坝顶向下呈线性扩大，直至形成终极口门尺寸，以此表示溃口是冲蚀形成。溃口的最终形状、大小是由溃口边坡、最终溃口底宽和最终溃口底部高程三参数控制。用不同的参数，可以将口门模拟成矩形、三角形或梯形。

大坝总下泄流量由溃口出流量和泄水建筑物的下泄流量两部分组成。如果溃决时库水位高于坝顶高程，为漫顶溃决，溃口及漫顶流量按宽顶堰出流公式计算；如果溃决时库水位低于坝顶高程，从溃决至终极口门形成前，按拟定溃口断面形态计算，如孔口出流或宽顶堰出流计算。由于溃口上下游水位和口门尺寸随时间变化，水库下泄流量过程为非恒定出流过程。

模型采用圣维南方程组计算溃坝洪水波向下游的演进，其中上边界条件即入流过程，下边界条件可以是按曼宁公式计算的水位—流量关系或实测水位—流量关系，也可以是按其他条件确定的水位值。

锦屏一级溃坝洪水计算采用的糙率值主要根据1967年唐古栋垮山堵江溃坝洪糙率，取值为0.045~0.065。对设置N个断面的河道，有$N-1$个河段，可以建立$2N-2$个圣维南方程组，再加上上下游边界条件，共得$2N$个非线性方程。对微分方程组采用隐式加权四点差分格式求解，采用Newton-Raphson法可求解$2N$个水位和流量值。当坝体发生瞬溃，库水位自坝面向上游将形成负波。如果入库流量较大，在库内还有正波演进。为计入正负波在库内的演进对溃口和其他泄流设施下泄流量的影响，模型中仍采用圣维南方程组计算库内正负波的演进，称之为动力演进法。大坝溃决参数则作为内边界条件进行处理。改进后的模型还考虑了干支流汇流区域的倒灌与回灌，将支流模拟为一个有一定库容的水库蓄泄过程。

4.1.5.2　挡水建筑物溃坝洪水分析计算

本书考虑地震诱因的溃坝工况，锦屏一级电站如果表孔与深孔同时遭到破坏，其溃口底高程可取为1790m。瞬时局部溃决溃口宽度，取表孔、深孔所在坝段宽105m，溃口形状为矩形。

锦屏梯级水库水位变化如图4-25所示。由图4-25中信息得出，水库调蓄过程中锦屏一级水库水位可能处于死水位1800m至正常蓄水位1880m之间的任何一个高程。因此拟定溃时水位分别为1820m、1840m、1860m和1880m。

基于锦屏梯级水电站的历史来流数据（1953—2017年），每年月均来流量如图4-26所示。

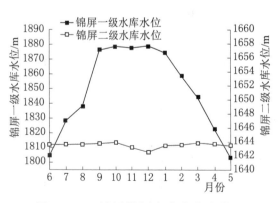

图4-25　锦屏梯级水库水位变化图

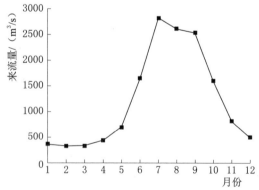

图4-26　锦屏一级水电站上游来流量

按照上述水库运行水位和流量组合设置溃坝初始边界条件见表 4-15。

表 4-15　　　　锦屏一级电站溃坝水动力学模型模拟初始边界条件

工况	入流量/(m³/s)	水位/m	工况	入流量/(m³/s)	水位/m
1	1000	1800	4	1000	1860
2	1000	1820	5	1000	1880
3	1000	1840			

当锦屏一级水电站由于发生超标准地震而溃决时，洪水演进至官地水电站和二滩水电站，有可能造成水电站大坝漫顶过流。鉴于官地水电站和二滩水电站大坝分别为混凝土重力坝和双曲拱坝，具有承受较强漫顶过流的能力，因此认为大坝不溃。

4.2　耦合多安全约束的梯级枢纽多目标优化调控模型

本书提出水电站运行安全因子的概念，通过对同一时空条件下的水电站运行安全进行量化并在梯级水电站优化调控模型中进行表征，应用隶属度函数概念对水电站运行安全因子进行度量。

4.2.1　调控模型目标函数及约束条件

耦合多安全约束的梯级水电站优化调控模型如下，主目标为洪水调控过程中发电量最大，目标函数表达式为

$$O_1 = \max\left\{ \sum_{t=1}^{n_{\text{total}}} \left[\sum_{j=1}^{n^{\text{A}}} f_{\text{A}}^{q,h\sim p}(q_{jt}^{\text{A}}, h_t^{\text{A}}) + \sum_{j=1}^{n^{\text{B}}} f_{\text{B}}^{q,h\sim p}(q_{jt}^{\text{B}}, h_{jt}^{\text{B}}) \right] \cdot \Delta T \right\} \quad (4-1)$$

式中：A 和 B 分别为梯级电站中的枢纽水电站和反调节水电站；$f_{\text{A}}^{q,h\sim p}(q_{jt}^{\text{A}}, h_t^{\text{A}})$ 和 $f_{\text{B}}^{q,h\sim p}(q_{jt}^{\text{B}}, h_{jt}^{\text{B}})$ 为拟合的枢纽水电站和反调节水电站的水头—流量—出力关系式；q_{jt}^{A} 和 q_{jt}^{B} 分别为枢纽水电站和反调节水电站第 j 台发电机组第 t 时段的发电流量，m³/s；h_{jt}^{A} 为枢纽水电站第 j 台发电机组第 t 时段的水头，m；h_{jt}^{B} 为反调节水电站第 j 台发电机组第 t 时段的发电水头，m；n^{A} 为枢纽水电站机组台数；n^{B} 为反调节水电站机组台数；ΔT 是模型的时间步长，3h；n_{total} 为本模型时段数。

水电站运行安全度目标量化为

$$U_{\text{vibration}} = \frac{\sum_{t=1}^{n_{\text{total}}} \left[\mu_{\text{vibration}}(q_{st}^A) \right]}{n_{\text{total}}} \quad (4-2)$$

$$U_{\text{flush}} = \frac{\sum_{t=1}^{n_{\text{total}}} \left[\mu_{\text{flush}}(q_{st}^B) \right]}{n_{\text{total}}} \quad (4-3)$$

式中：$U_{\text{vibration}}$ 为枢纽水电站泄洪诱发振动安全度目标；$\mu_{\text{vibration}}$ 为泄洪诱发振动安全因子；q_{st}^A 为枢纽水电站第 t 时段泄洪流量，m^3/s；U_{flush} 为反调节水库下游水力安全度目标；μ_{flush} 为下游水力防冲安全因子；q_{st}^B 为反调节电站第 t 时段泄洪流量，m^3/s。

上述目标收敛于以下约束。

（1）水量平衡约束：

$$v_t^A = v_{t-1}^A + (Q_{\text{int}}^A - q_{zxxt}^A)\Delta T \quad (4-4)$$

$$v_t^B = v_{t-1}^B + (q_{zxxt}^A - q_{zxxt}^B)\Delta T \quad (4-5)$$

式中：v_t^A 为枢纽水库第 t 时段末的库容，亿 m^3；v_{t-1}^A 为枢纽水库第 t 时段初的库容，亿 m^3；v_t^B 为反调节水库第 t 时段末的库容，亿 m^3；v_{t-1}^B 为反调节水库第 t 时段初的库容，亿 m^3；Q_{int}^A 为枢纽水电站第 t 时段的上游来流量，m^3/s；q_{zxxt}^A 为枢纽水电站第 t 时段的总下泄流量，m^3/s；q_{zxxt}^B 为反调节水库第 t 时段的总下泄流量，m^3/s。

（2）水力水量联系方程：

$$\begin{cases} l_t^A = f_A^{q,z\sim l}(q_{zxxt}^A, z_t^B) \\ q_{zxxt}^A = q_t^A + q_{st}^A \end{cases} \quad (4-6)$$

$$\begin{cases} l_t^B = f_B^{q\sim l}(q_{zxxt}^B) \\ q_{zxxt}^B = q_t^B + q_{st}^B \end{cases} \quad (4-7)$$

式中：l_t^A 为枢纽水电站第 t 时段的尾水位，m；l_t^B 为反调节水库第 t 时段的尾水位，m；$f_A^{q,z\sim l}$ 为枢纽水电站尾水位关于其总下泄流量和反调节水电站水位的关系式；q_t^A 为枢纽水电站第 t 时段发电流量，m^3/s；$f_B^{q\sim l}$ 为反调节水库尾水位关于其总下泄流量的关系曲线；z_t^B 为反调节水库第 t 时段末的库水位，m；q_t^B 为反调节水库第 t 时段发电流量，m^3/s。

（3）发电流量约束：

$$q_{jt}^{A} = f_{A}^{h \sim q}(h_{t}^{A}) \quad q_{jt\min}^{A} \leqslant q_{jt}^{A} \leqslant q_{jt\max}^{A}, 1 \leqslant j \leqslant n^{A} \quad (4-8)$$

$$q_{jt}^{B} = f_{B}^{h \sim q}(h_{jt}^{B}) \quad q_{jt\min}^{B} \leqslant q_{jt}^{B} \leqslant q_{jt\max}^{B}, 1 \leqslant j \leqslant n^{B} \quad (4-9)$$

式中：$q_{jt\min}^{A}$ 和 $q_{jt\max}^{A}$ 分别为枢纽水电站第 t 时段第 j 台发电机组的最小和最大发电流量，m^3/s；$q_{jt\min}^{B}$ 和 $q_{jt\max}^{B}$ 分别为反调节水电站第 t 时段第 j 台发电机组的最小和最大发电流量，m^3/s；$f_{A}^{h \sim q}$ 和 $f_{B}^{h \sim q}$ 分别为枢纽水电站和反调节水电站的水头和发电流量之间关系式。

（4）溢弃流量约束。

1）泄洪振动安全流量剩余空间约束：

$$Q_{environmental} \leqslant q_{st}^{A} \leqslant q_{st\max}^{A} \quad q_{st\max}^{A} = f_{A}^{z \sim q}(z_{t}^{A}) \quad (4-10)$$

$$\sum_{t=1}^{n_1} q_{st}^{Acurrent} = n_1 Q_{vibration} - \sum_{t=1}^{n_1} \left(\frac{10^8 \delta_{t}^{current}}{\Delta T} \right) \quad (4-11)$$

$$\sum_{t=n_1+1}^{n_{total}} q_{st}^{Afuture} = (n_{total} - n_1) Q_{vibration} - \sum_{t=n_1+1}^{n_{total}} \left(\frac{10^8 \delta_{t}^{future}}{\Delta T} \right) \quad (4-12)$$

2）下游水力防冲安全约束：

$$0 \leqslant q_{st}^{B} \leqslant q_{st\max}^{B} \quad q_{st\max}^{B} = f_{B}^{z \sim q}(z_{t}^{B}) \quad (4-13)$$

$$O_{k}^{t} = f_{B}^{z,q,k \sim o}(z_{t}^{B}, q_{st}^{B}) \quad 0 \leqslant q_{st}^{B} \leqslant q_{st\max}^{B} \quad (4-14)$$

式（4-10）~式（4-14）中：z_{t}^{A} 为枢纽水库第 t 时段末水位，m；$f_{A}^{z \sim q}(\cdot)$ 和 $f_{B}^{z \sim q}(\cdot)$ 分别为枢纽水库和反调节水库的水位和泄流能力之间关系式；$q_{st\max}^{A}$ 为枢纽水库第 t 时段最大溢弃流量，m^3/s；$q_{st\max}^{B}$ 为反调节水库第 t 时段最大溢弃流量，m^3/s；$\delta_{t}^{current}$ 和 δ_{t}^{future} 分别为现阶段和未来阶段泄洪振动安全流量剩余空间，亿 m^3；n_1 为现阶段时段数，n_{total} 为两阶段总时段数；$q_{st}^{Acurrent}$ 为现阶段枢纽水库第 t 时段泄洪流量，m^3/s；$q_{st}^{Afuture}$ 为未来阶段枢纽水库第 t 时段泄洪流量，m^3/s；$Q_{vibration}$ 为泄洪振动安全流量上限，m^3/s；$f_{B}^{z,q,k \sim o}$ 为保证闸门下游河道形成淹没式水跃基础上，明渠段闸底板不被冲蚀和河床段导墙不被淘刷的闸门最优开度式；O_{k}^{t} 为 t 时段 k 号闸门的开度，m。

（5）水库库容和库水位约束：

$$z_{t}^{A} = f_{A}^{v \sim z}(v_{t}^{A}) \quad z_{\min}^{A} \leqslant z_{t}^{A} \leqslant z_{\max}^{A} \quad (4-15)$$

$$z_{t}^{B} = f_{B}^{v \sim z}(v_{t}^{B}) \quad z_{\min}^{B} \leqslant z_{t}^{B} \leqslant z_{\max}^{B} \quad (4-16)$$

式中：$z_{\min}^{A}$ 和 $z_{\max}^{A}$ 分别为枢纽水库汛限水位和防洪高水位，m；$z_{\min}^{B}$ 和 $z_{\max}^{B}$ 分别为反调节水库最低水位和最高水位，m；$f_{A}^{v \sim z}(\cdot)$ 和 $f_{B}^{v \sim z}(\cdot)$ 分别为枢

纽电站和反调节电站的水位和库容之间关系式。

（6）电站出力约束：

$$P^{\mathrm{A}}_{jt\min}, P^{\mathrm{A}}_{jt\max}=f^{h\sim p}_{\mathrm{A}}(h^{\mathrm{A}}_t) \qquad P^{\mathrm{A}}_{jt\min}\leqslant p^{\mathrm{A}}_{jt}\leqslant P^{\mathrm{A}}_{jt\max}, j=1,2,\cdots,n^{\mathrm{A}} \qquad (4-17)$$

$$P^{\mathrm{B}}_{jt\min}, P^{\mathrm{B}}_{jt\max}=f^{h\sim p}_{\mathrm{B}}(h^{\mathrm{B}}_t) \qquad P^{\mathrm{B}}_{jt\min}\leqslant p^{\mathrm{B}}_{jt}\leqslant P^{\mathrm{B}}_{jt\max}, j=1,2,\cdots,n^{\mathrm{B}} \qquad (4-18)$$

式中：p^{A}_{jt} 为枢纽水电站第 t 时段第 j 台发电机组出力，MW；p^{B}_{jt} 为反调节水电站第 t 时段第 j 台发电机组出力，MW；$P^{\mathrm{A}}_{jt\min}$ 和 $P^{\mathrm{A}}_{jt\max}$ 分别为枢纽水电站第 t 时段第 j 台发电机组最小和最大出力，MW；$P^{\mathrm{B}}_{jt\min}$ 和 $P^{\mathrm{B}}_{jt\max}$ 分别为反调节电站第 t 时段第 j 台发电机组最小和最大出力，MW；$f^{h\sim p}_{\mathrm{A}}(\cdot)$ 和 $f^{h\sim p}_{\mathrm{B}}(\cdot)$ 分别为枢纽电站和反调节电站的水头和出力之间关系式。其中各机组出力满足 4.1 节机组安全约束。

（7）水头约束：

$$h^{\mathrm{A}}_{jt}=z^{\mathrm{A}}_t-l^{\mathrm{A}}_t-\Delta h^{\mathrm{A}}_{jt} \qquad j=1,2,\cdots,n^{\mathrm{A}} \qquad (4-19)$$

$$h^{\mathrm{B}}_{jt}=z^{\mathrm{B}}_t-l^{\mathrm{B}}_t-\Delta h^{\mathrm{B}}_{jt} \qquad j=1,2,\cdots,n^{\mathrm{B}} \qquad (4-20)$$

式中：$\Delta h^{\mathrm{A}}_{jt}$ 为枢纽水电站第 j 台发电机组第 t 时段水头损失；$\Delta h^{\mathrm{B}}_{jt}$ 为反调节水电站第 j 台发电机组第 t 时段水头损失。

4.2.2　水电站运行安全因子

由于水电站运行安全度的度量均是在未发生具体破坏时的考虑，而水电站泄洪期运行是一个复杂、非线性、非平稳的调控过程，这一过程除受到库区各种难以统一量化的各类水力边界条件影响外，另一主要影响因素为径流预报不确定性。面对大多数模糊不清、难以具体量化的现象或者指标时，模糊集是用来表达对此种研究对象进行定性评价的手段和方法。将模糊数学中的隶属度函数概念引入到该调控模型中来量化水电站运行安全因子。

根据泄洪诱发振动风险量化理论，枢纽水库泄洪诱发振动安全因子 $\mu_{\mathrm{vibration}}$ 的隶属度函数为

$$\mu_{\mathrm{vibration}}(q^{\mathrm{A}}_{st})=\frac{1-\left\{\sum\limits_{t=1}^{n_1}\left[\omega\int_{\delta^{\mathrm{current}}_t}^{+\infty}\frac{\mathrm{e}^{-\frac{(\varepsilon^{\mathrm{current}}_t)^2}{2(\sigma^{\mathrm{current}}_t)^2}}}{\sigma^{\mathrm{current}}_t\sqrt{2\pi}}\mathrm{d}\varepsilon+(1-\omega)\left(\frac{V_{\max}-V^{\mathrm{current}}_t}{V_{\max}-V_{\min}}\right)^m\right]\right\}}{2n_1}$$

$$-\frac{\left\{\sum\limits_{t=n_1+1}^{n_{\mathrm{total}}}\left[\omega\int_{\delta^{\mathrm{future}}_t}^{+\infty}\frac{\mathrm{e}^{-\frac{(\varepsilon^{\mathrm{future}}_t)^2}{2(\sigma^{\mathrm{future}}_t)^2}}}{\sigma^{\mathrm{future}}_t\sqrt{2\pi}}\mathrm{d}\varepsilon+(1-\omega)\left(\frac{V_{\max}-V^{\mathrm{future}}_t}{V_{\max}-V_{\min}}\right)^m\right]\right\}}{2(n_{\mathrm{total}}-n_1)} \qquad (4-21)$$

为保证泄洪闸下游的水力防冲安全，需先对其下泄流量进行削峰处理。由于泄洪诱发振动问题往往相对防冲问题对流量更为敏感，因此其流量上限较水力安全流量上限低，枢纽水库的泄洪流量峰值在泄洪诱发振动安全因子的量化中已得到控制。而下游反调节水库在面对较大来流量时水库调蓄能力极小基本可以忽略，因此反调节水库泄洪流量峰值也得到有效控制。故而反调节水库下游水力防冲安全因子的量化目标选为闸门调控工作量最小。引入模糊集中的隶属度函数概念后的量化方法如下：

$$\mu_{\text{flush}}(q_{st}^{\text{B}}) = \begin{cases} 0 & q_{st}^{\text{B}} \geqslant q_{st\max}^{\text{B}} \\ \sum\limits_{k=1}^{n_{\text{gate}}} \left[1 - \left|\dfrac{O_k^{t+1} - O_k^t}{\Delta O_k^{\max}}\right|\right] & Q_{\text{environmental}} < q_{st}^{\text{B}} < q_{st\max}^{\text{B}} \\ 1 & q_{st}^{\text{B}} \leqslant Q_{\text{environmental}} \end{cases}$$

$$(4-22)$$

式中：$Q_{\text{environmental}}$ 为减流河段生态流量需求量，m^3/s。下游水力防冲安全因子的隶属度函数为 $\mu_{\text{flush}}(q_{st}^{\text{B}})$，其物理意义为若 q_{st}^{B} 大于泄流能力上限 $q_{st\max}^{\text{B}}$ 则有漫坝风险，此时设置其水力防冲安全因子隶属度函数为 0；若泄洪流量 q_{st}^{B} 小于 $Q_{\text{environmental}}$ 则下泄流量完全通过生态流量泄放洞进行下泄，完全不需启用泄洪闸，此时水力防冲安全因子设置为 1；当 q_{st}^{B} 在上述两者之间时，需要进行闸门开度调控来对泄洪流量进行调节。闸门 k 两时段最大开度差值符合下游水力防冲安全约束与闸门调控规范，小于 $\Delta O_k^{\max}(\text{m})$。$n_{\text{gate}}$ 为闸门总数。

4.2.3 两种调控方式决策变量的确定

针对上文构建的多目标优化调控模型采用以下两种方式进行调控。

调控方式一为考虑最悲观泄洪风险，考虑最大泄洪流量，梯级电站发电流量均值为电站各水头下最大发电流量的最小值，梯级电站需要调峰。对电站整体泄流量实行先分配后优化策略：即先确定电站优化期间泄洪流量总和与发电流量总和，再进行优化。决策变量设置如下：枢纽电站发电流量 q_t^{A}、枢纽电站溢弃流量 q_{st}^{A}、反调节电站水库库容变化量 Δq_t^{B}、反调节电站发电流量 q_t^{B}。

调控方式二为考虑较乐观泄洪风险，分配泄洪振动安全流量剩余空间时将枢纽水库发电流量初始均值考虑为各水头最大发电流量最大值，梯级电站不需要调峰。对电站整体下泄流量实行先优化后分配策略：先对电站整体下泄流量进行时间尺度上优化再分配给电站发电流量和泄洪流量。即按照每时刻电站总下泄流量和水库水位对应的最大发电流量进行电站发电流量再分配。决策变量如下所示：枢纽电站总下泄流量 q^{A}_{zxxt}、反调节电站水库库容变化量 Δq^{B}_{t}。

由于本书泄洪诱发振动安全问题风险的宏观调控方式主要为对冲策略，泄洪流量不均匀下泄。而下游水力安全问题的整体优化导向为洪水削峰，最理想状态为均匀下泄。所以两泄洪安全度目标互相冲突，满足利用基于帕累托理论的启发式优化方法的运用前提。针对"发电水量和泄洪水量"先分配后优化调控方式。首先对两泄洪安全度目标进行帕累托优选。在最大化安全度基础之上对发电流量序列进行优化。

针对"发电水量和泄洪水量"先优化后分配的调控方式，由于电站发电不需要调峰所以没有优化空间，发电目标作为整体泄流量序列优化后而确定的从属目标置于两冲突的安全度目标之外。

4.3　耦合泄洪诱发振动安全约束的高水位运行优化调控研究

由于从泄洪量级上降低风险需要以利用枢纽水库防洪库容为代价，造成水库上游的防洪风险上升。两者之间相互冲突，可以运用基于帕累托理论的启发式优化算法对该问题进行优化，因此优化调控模型设置的泄洪和防洪目标函数如下：

$$
O_{d} = \frac{\min\left[T_{\text{now}} \sum_{i=1}^{8} \int_{\delta_{i1}}^{+\infty} \frac{1}{\sigma_{i1}\sqrt{2\pi}} e^{-\frac{\epsilon_{i1}^{2}}{2\sigma_{i1}^{2}}} d\epsilon_{i1} + T_{\text{future}} \sum_{i=9}^{56} \int_{\delta_{i2}}^{+\infty} \frac{1}{\sigma_{i2}\sqrt{2\pi}} e^{-\frac{\epsilon_{i2}^{2}}{2\sigma_{i2}^{2}}} d\epsilon_{i2} \right]}{T_{\text{total}}}
$$

$$(4-23)$$

式中：O_{d} 为泄洪诱发振动风险最小目标；T_{now} 为现阶段总时长，h；T_{future} 为未来阶段总时长，h；T_{total} 为两阶段总时长，h；δ_{i1} 为现阶段泄洪振动安全流量剩余空间，亿 m^{3}；δ_{i2} 为未来阶段泄洪振动安全流量剩余空间，亿 m^{3}；σ_{i1} 为现阶段水电站上游来流量预报不确定性，亿 m^{3}；σ_{i2} 为未来阶段水电站上游来流量预报不确定性，亿 m^{3}。

$$
O_{f} = \min\left[f^{v\sim z}_{A} \left(\sqrt{\frac{\sum_{i=1}^{56} [V^{A}_{i} + (I_{i} - r^{A}_{i} - q^{A}_{fd})\Delta t]^{2} + k\sum_{i=1}^{56} w_{i}}{56}} \right) \right] \quad (4-24)
$$

式中：O_{f} 为最高防洪水位最低目标，V^{A}_{i} 为锦屏一级水电站 i 时段库容，亿

m^3；I_i 为锦屏一级水电站 i 时段入库流量，m^3/s；r_i^A 为锦屏一级水电站 i 时段泄洪流量，m^3/s；q_{fd}^A 为锦屏一级水电站 i 时段发电流量，m^3/s；Δt 为单位时段长，3h；w_i 为罚函数；k 为较大常数。

上述目标函数主要收敛于以下约束。

（1）泄洪振动安全流量剩余空间约束：

$$\begin{cases} \Delta = \sum_{i=1}^{8}\delta_{i1} + \sum_{i=9}^{56}\delta_{i2} = Q_{vibration}T_{total} - 86400\sum_{i=1}^{56}(I_i - q_{fd}^A) \\ \delta_{i1} = (Q_{vibration} - r_{i1}^A)\Delta t/10^8 \quad \delta_{i1} \geqslant 0 \\ \delta_{i2} = (Q_{vibration} - r_{i2}^A)\Delta t/10^8 \quad \delta_{i2} \geqslant 0 \end{cases} \quad (4-25)$$

式中：Δ 为整体泄洪振动安全流量剩余空间，亿 m^3；$Q_{vibration}$ 为振动安全流量上限，m^3/s；r_{i1}^A 和 r_{i2}^A 为现在阶段和未来阶段锦屏一级电站泄洪流量，m^3/s。

（2）预报不确定性约束：

$$\sigma_{i1} > \sigma_{i2} \quad (4-26)$$

本模型决策变量为锦屏一级水电站泄洪流量 r_i^A（m^3/s）。

典型工况设置见表 4-16。

表 4-16　　　　　　典 型 工 况 设 置

工况	阶段	来流量 /(m³/s)	泄洪振动安全流量 剩余空间/亿 m³	洪水规模及 调控导向
1	现阶段（1天）	5492	0.34	大洪水
	未来阶段（6天）	4490	$0 \leqslant \Delta \leqslant G_1$	全力保现阶段
2	现阶段（1天）	5590	0.67	中等洪水
	未来阶段（6天）	4410	$G_1 \leqslant \Delta \leqslant 2G_2$	主要保现阶段
3	现阶段（1天）	6230	1.62	小洪水
	未来阶段（6天）	4120	$\Delta \geqslant 2G_2$	主要保未来阶段

根据对冲理论的减振泄洪调控准则对泄洪振动安全流量剩余空间分配和对两目标优化情况见表 4-17。

表 4-17　　　　　　基于对冲理论的泄洪调控结果

工况	阶段	Δ/亿 m³	泄洪诱发振动风险目标	水位控制目标/m
1	现阶段（1天）	0.34	0.46	1860.82
	未来阶段（6天）	0		

续表

工况	阶段	Δ/亿 m³	泄洪诱发振动风险目标	水位控制目标/m
2	现阶段（1 天）	0.51	0.44	1860.81
	未来阶段（6 天）	0.16		
3	现阶段（1 天）	0.52	0.38	1860.95
	未来阶段（6 天）	1.10		

　　根据传统防洪调控目标：最高防洪水位最低转化为泄洪调控策略为安全约束范围内来多少泄多少，超出部分蓄水后平均下泄。对泄洪振动安全流量剩余空间进行分配和对两目标优化情况见表 4-18。

表 4-18　　　　　　　　基于最高防洪水位最低导向的泄洪调控结果

工况	阶段	Δ/亿 m³	泄洪诱发振动风险目标	水位控制目标/m
1	现阶段（1 天）	0	0.48	1860.43
	未来阶段（6 天）	0.34		
2	现阶段（1 天）	0	0.46	1860.45
	未来阶段（6 天）	0.67		
3	现阶段（1 天）	0	0.42	1860.60
	未来阶段（6 天）	1.62		

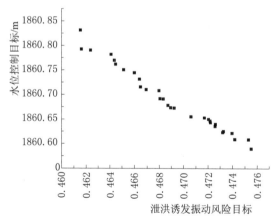

图 4-27　工况 1 的帕累托前沿

　　图 4-27 为工况 1 的帕累托前沿，泄洪诱发振动安全问题风险的降低势必要引起防洪水位的抬高。这说明两种洪水调控策略，以对冲理论作为调控准则和传统防洪调控准则是相互对立的。前者主要对下游泄洪诱发振动安全进行控制，后者主要对上游水库防洪问题进行控制。

　　图 4-28 为工况 1 到工况 3 防洪调控解集，洪水规模由小到大。当前阶段的紧迫性由急到缓，当前阶段所分配的泄洪振动安全流量剩余空间比例由大到小。水位方面也是波动越来越大，洪水小一些水库蓄泄可以有更多的选择空间。洪水大到一定程度的话基本实时泄流量都在安全边界上，水位会一直维持在较高水平。

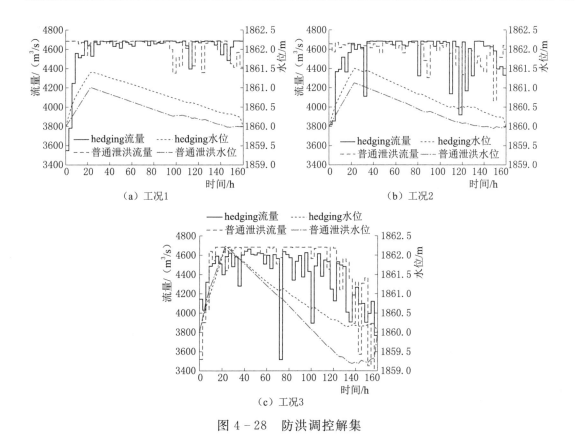

图 4-28　防洪调控解集

4.4　耦合下游水力安全约束的持续开闸泄洪应急调控研究

水电站泄洪时会造成下游渠道闸底板冲蚀问题和导墙淘刷问题。造成该问题的原因为：①洪水期水电站下泄流量峰值高、波动大造成水流蕴含能量过大无法正常消能；②闸门间开度组合不当造成下游流速分布与流态不好。因此，研究如何对洪水流量进行调控，对预防下游冲蚀与淘刷问题具有重大意义。

目前针对下游水力安全问题的解决方式主要为：①通过水库防洪库容对泄洪流量峰值进行控制；②通过调整闸门启闭开度组合来保障下游的水力安全，协调闸孔间的流量分配与下游水位之间组合。

针对上述问题建立水电站优化调控模型如下。

首先，利用上游枢纽水库对日调节水电站上游洪水来流量过程进行削峰处理，以从量级尺度上降低泄洪闸溢弃流量峰值为目标保证泄洪安全。

其次，利用闸门间组合开度对泄洪闸下游水力安全进行约束。本章以某日调节水电站为研究示例，由于该电站明渠段闸门开度过小时易造成明渠段河道内水流发生远驱式水跃，造成闸底板冲蚀破坏。引入明渠安全泄量的概念针对不同等级的总泄洪流量通过控制明渠段闸门开度来避免远驱式水跃现象和冲蚀破坏的发生。在保证明渠段水力安全且最大化分担河床段泄洪压力的基础上，寻求该总泄洪流量等级下最优的河床段闸门组合开度来缓解其主河道导墙的淘刷问题。

由于日调节电站调蓄能力较弱，利用上游枢纽水库调蓄能力对日调节水电站上游来流量进行削峰处理，目标函数 1 表达式如下：

$$K_1 = \min\left(\sum_{t=1}^{T}(q_{int}^{B})^2\right) \tag{4-27}$$

式中：K_1 为日调节水电站上游来流量波动程度最小目标；T 为模型时段数；q_{int}^{B} 为经过上游枢纽水库调蓄后的日调节电站上游来流量，m^3/s。

由于实际调度过程中需要考虑闸门启闭的时效性，应该尽量减少闸门启闭频次和工作量来缩短应急时间。因此设置日调节水电站闸门总调控工作量最小为另一优化目标与传统目标调控效果进行对照。目标函数 2 表达式如下：

$$K_2 = \min\left[\sum_{k=1}^{n_{gate}}\left(\sum_{t=1}^{T}|O_t^k - O_{t-1}^k|\right)\right] \tag{4-28}$$

式中：K_2 为闸门调控工作量目标；O_{t-1}^k 为泄洪闸第 k 号闸门在第 t 时段初的开度，m；O_t^k 为第 k 号闸门在第 t 时段末的开度，m；n_{gate} 为闸门数量。

区别于普通泄洪优化调控模型的特殊约束如下。

（1）枢纽水库库容调蓄容量约束：

$$\Delta v_{min}^{A} \leqslant \Delta v_{d}^{A} \leqslant \Delta v_{max}^{A} \tag{4-29}$$

式中：Δv_{d}^{A} 为枢纽水库对日调节电站来流量均匀化动用的调蓄库容，亿 m^3；Δv_{max}^{A} 和 Δv_{min}^{A} 分别为枢纽水库动用的调蓄库容上限和下限。

（2）下游水力（闸门开度组合）安全约束：

$$O_t^k = O_n^k, \underline{Q_n^{B}} \leqslant q_{st}^{B} \leqslant \overline{Q_n^{B}} \tag{4-30}$$

式中：$\underline{Q_n^{B}}$ 为 q_{st}^{B} 所属于的第 n 个流量等级下限，m^3/s；$\overline{Q_n^{B}}$ 为 q_{st}^{B} 所属于的第 n 个流量等级上限，m^3/s；O_n^k 为 q_{st}^{B} 属于第 n 个流量等级时的第 k 个闸门所对应开度，m。该开度为保证闸门下游形成淹没式水跃基础上，明渠段闸底板不被冲蚀和河床段导墙不被淘刷的闸门最优开度。具体量化约束如图 4-10 所示。

表 4-19 为分别以两目标为优化导向得到最优方案的泄洪峰值流量和闸门总调控工作量。当以流量最大化削峰为导向时，上游枢纽水库调蓄范围内可平均削减泄洪流量峰值 2000m³/s 左右，相对未优化前可平均削减 60% 的闸门调控工作量；当以最大化削减闸门调控工作量为导向时，上游枢纽水库调蓄范围内可平均削减泄洪流量峰值 1900m³/s 左右，相对未优化前可平均削减 70% 的闸门调控工作量。综合权衡之下，以闸门调控工作量最小为导向可兼顾削峰与闸门调控两个目标，能在微观尺度上控制水量与水力安全，其方案可作为水电站的最优调控方案。

表 4-19 各工况目标优化结果

工况	目标 1 为优化导向方案		目标 2 为优化导向方案		未优化前情况	
	泄洪峰值流量 /(m³/s)	闸门累积调控 工作量/m	泄洪峰值流量 /(m³/s)	闸门累积调控 工作量/m	洪峰流量 /(m³/s)	闸门累积调控 工作量/m
1	10696	76.1	11031	50.7	12660	183.9
2	12399	75.3	12479	62.9	14420	285.3
3	14390	87.0	14440	80.0	16660	228.8
4	16358	128.9	16434	86.9	18300	200.5

将各闸门的优化前的调控工作量、以目标 1 为导向和以目标 2 为导向的各工况调控工作总量求和统计后结果见表 4-20。

表 4-20 闸门总调控工作量统计

闸门编号	优化前闸门总调控工作量 /m	目标 1 为导向闸门总调控 工作量/m	目标 2 为导向闸门总调控 工作量/m
2 号、3 号	246.40	110.00	76.10
1 号、4 号	302.00	132.80	103.70
5 号、6 号、7 号	350.10	124.50	100.65

对表 4-20 中数据进行分析得出分别以两目标为优化导向相对优化前所降低的闸门调控工作量在各闸门间的分配比例，以及以最小化闸门调控工作量为导向相对以洪水削峰为导向所降低的闸门调控工作量在各闸门间的分配情况，如图 4-29 所示。由图 4-29 可得：经过优化后所降低的闸门调控工作量中 5 号、6 号、7 号闸门所占比例较大（约占整体的 40%），这是因为在洪峰

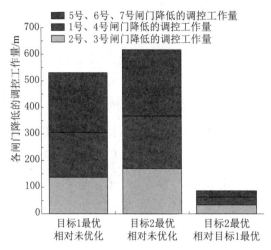

图 4-29　降低闸门调控工作量在
各闸门间的分配情况

（参见文后彩图）

流量等级（12000～16000m³/s）的泄洪流量下，"明渠段安全流量"的波动较大引发闸门调控工作量较大造成的。优化后对洪峰进行了大幅度削减，进而大幅度降低了明渠段闸门的调控工作量。

而以闸门调控工作量最小为导向相对以洪水削峰为导向降低的闸门调控工作量，则是 2 号、3 号闸门降低的调控工作量占较大比例（右侧柱黑色部分，约占整体的 40%）。这是因为泄洪闸河床段 2 号、3 号闸门在保证下游水力安全时作为最主要的泄流设施相对 1 号、4 号和 5 号、6 号、7 号闸门承担更多泄流任务。相对来讲，同等开度调整工作量调节流量能力更强（即针对流量变化相对不敏感）。因此在泄洪流量峰值大致相同的情况下，目标 2 寻优导向为让泄洪流量序列多出现在不需要调控 2 号、3 号闸门的区间波动。使 2 号、3 号闸门在进一步减小闸门调控工作量时作为主要控制对象，对降低闸门调控工作量起到核心作用。

图 4-30～图 4-33 为工况 1～工况 4 上游枢纽水库库容利用情况柱形图，黑色柱和红色柱分别代表以目标 1 为优化导向和以目标 2 为优化导向的方案。

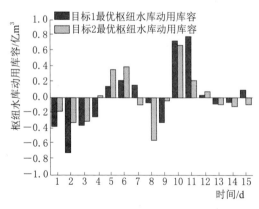

图 4-30　工况 1 枢纽水库
调用库容序列

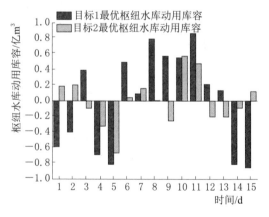

图 4-31　工况 2 枢纽水库
调用库容序列

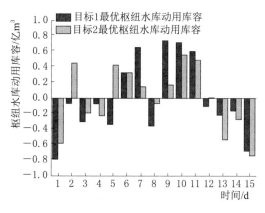

图 4-32 工况 3 枢纽水库
调用库容序列

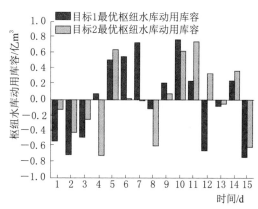

图 4-33 工况 4 枢纽水库
调用库容序列

两种颜色柱子统计后对比可知，以闸门调控工作量最小为导向所调用的上游枢纽水库库容相对以洪水削峰为导向所调用的上游枢纽水库库容平均小 29%。原因为当日调节水电站泄洪流量在一定区间范围内时闸门开度均不会变，所以只要洪水来流量在一定范围内时闸门开度不调整，就不需动用枢纽水库进行微调，因此动用上游枢纽水库库容量级相对较小，人为调控力度更小。

如图 4-30～图 4-33 所示，以洪水削峰为主要目标时，在中间 7 日洪水主峰阶段，枢纽水库主要以蓄水为主，箱型图中的枢纽水库库容调蓄区间基本都在 0 以上；起始洪水上涨（1～4d）和洪水消落阶段（13～15d），箱型图中的枢纽水库库容调蓄区间基本都在 0 以下，枢纽水库以泄水为主。

4.5 耦合冲沙安全约束的梯级水电站提前蓄水优化调控研究

锦屏二级水库由于在汛期面对较大泄洪压力，所以长期处于相对较低水位运行。由现场实测运行情况可知，当水库水位维持在 1643m 时，流量为 4000m³/s，运行 42h 后，拦沙坎前就出现了大量泥沙淤积。因此锦屏二级水库如果在长期时间内都处于中低水位运行，容易引起进水口泥沙淤积。在锦屏一级泄洪洞泄洪时，整个锦屏二级库区河水非常浑浊，泥沙含量很高，并且夹带大量推移质。此两点原因导致锦屏二级库区河道在锦屏二级电站进水口前局部泥沙淤积严重。

面对此类问题时，首先，可采取抬高汛期运行水位的方式，但是也只能缓解泥沙淤积速率，不能解决泥沙淤积的问题；其次，可采取挖沙清库腾空库容，但是采取此方式成本较高；最后，可安排在锦屏一级水库泄洪调度时进行，在锦屏二级水库畅泄拉沙过程中，锦屏二级电站机组应停机避沙。为增加拉沙效果，在条件允许的情况下，应与锦屏一级水电站联合调度，尽量适当加大畅泄拉沙流量。

现实中，锦屏二级水库曾针对前述库区泥沙淤积问题进行敞泄拉沙，但拉沙效果不是很明显。故而首先在拉沙现场试验基础上进行水动力学模拟找到最优拉沙流量配置模式。通过拉沙现场试验及数值模拟可以发现，拉沙过程的周期约为 6h。

为方便对比各流量配置下拉沙效果，结合锦屏二级水库泄洪闸启闭规程，将流量变化速度均统一为每小时 3000m³/s，并结合拉沙推移质启动流速将流量过程基荷流量均设置为 500m³/s。以实际拉沙过程单周期 6h 拉沙过程的流量配置为例，对应配置的拉沙流量过程如图 4-34 所示。

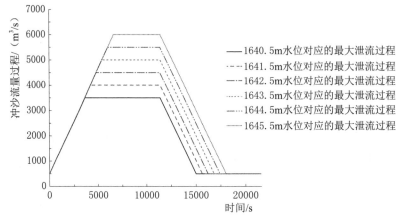

图 4-34　锦屏二级水库对称泄流拉沙调控模式流量过程

由表 4-21 可知，在此种拉沙流量配置模式下，工况 1 至工况 6 的总体拉沙量不断增长，对各粒径等级推移质不同拉沙流量峰值下的冲刷过程进行统计发现：其冲刷过程基本符合拉沙流量波动程度越大，拉沙效率越高的规律。因此拉沙时段需按峰值流量最大模式合理配置拉沙流量。

表 4-21　　　　　　　　各工况总拉沙量与拉沙效率

工况	总拉沙量/万 m³	拉沙效率/(万 m³/亿 m³)	工况	总拉沙量/万 m³	拉沙效率/(万 m³/亿 m³)
1	6.39	14.21	4	14.93	24.05
2	7.60	15.00	5	17.86	26.34
3	14.35	25.44	6	28.83	39.22

选择现场原型试验时间进行拉沙，在汛期末尾 9 月利用洪水资源进行拉沙调控，此时还需要让锦屏一级枢纽水库蓄水。以 3d 洪水期为调控时段，在

拉沙期为防止砂石进入引水系统管道所以锦屏二级电站停止发电，所以不将发电目标考虑在内。因此将蓄水目标转化为拉沙调控期内弃水量最小，如下式：

$$O = \min\left[\sum_{t=1}^{n} r_t^{\mathrm{A}}\right] \qquad (4-31)$$

式中：r_t^{A} 为锦屏一级水电站弃水量，$\mathrm{m^3/s}$；n 为时段数。

本模型主要针对 3 天洪水期，以冲沙流量配置周期 6h 为一时间步，总共分为 12 步。

所涉及的特殊约束如下。

下泄流量约束：

$$\begin{cases} q_t = Q_{发电} & 1 \leqslant t \leqslant 12 \\ r_t^{\mathrm{A}} = \begin{cases} Q_{冲沙} - Q_{发电} & 5 \leqslant t \leqslant 8 \\ 0 & 1 \leqslant t \leqslant 4, 9 \leqslant t \leqslant 12 \end{cases} \end{cases} \qquad (4-32)$$

式中：$Q_{冲沙}$ 为拉沙所需平均流量，$\mathrm{m^3/s}$；$Q_{发电}$ 为锦屏一级电站最大发电流量，$\mathrm{m^3/s}$；q_t 为锦屏一级电站发电流量，$\mathrm{m^3/s}$。

水库蓄水控制要求约束：

$$\Delta Z_d^{\mathrm{A}} \leqslant 2 \qquad 1 \leqslant d \leqslant 3 \qquad (4-33)$$

式中：ΔZ_d^{A} 为水库水位日变化幅度，锦屏一级水库水位在 1860~1880m 时，水库水位上升速度小于 2m/天。

本模型决策变量为锦屏一级电站泄洪流量 r_t^{A}，单位 $\mathrm{m^3/s}$。将模型输入条件选为 3d 的洪水过程对模型进行调控预案库制定。其中，冲沙调控工况设置见表 4-22。

表 4-22　　　　　　　　　冲沙调控工况设置

工况	洪水频率	3d 洪水流量/亿 $\mathrm{m^3}$	1d 拉沙所需水量/亿 $\mathrm{m^3}$	起蓄水位/m
1	2 年一遇	6.93	3.51	1859.06
2	2 年一遇	6.93	3.51	1865.00
3	2 年一遇	6.93	3.51	1870.00
4	2 年一遇	6.93	3.51	1874.00
5	2 年一遇	6.93	3.51	1876.26
6	5 年一遇	12.71	3.51	1859.06
7	5 年一遇	12.71	3.51	1865.00
8	5 年一遇	12.71	3.51	1870.00

续表

工况	洪水频率	3d洪水流量/亿 m³	1d拉沙所需水量/亿 m³	起蓄水位/m
9	5年一遇	12.71	3.51	1874.00
10	5年一遇	12.71	3.51	1876.26
11	10年一遇	16.19	3.51	1859.06
12	10年一遇	16.19	3.51	1865.00
13	10年一遇	16.19	3.51	1870.00
14	10年一遇	16.19	3.51	1874.00
15	10年一遇	16.19	3.51	1876.26

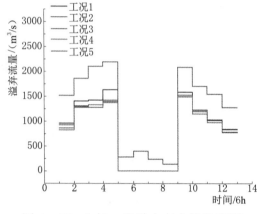

图4-35 2年一遇洪水弃水流量序列
（参见文后彩图）

为满足锦屏一级水库蓄水控制要求约束，在来流量大于用水量的情况难免出现弃水。如果不对锦屏一级水库汛末水位进行调整（起调水位为工况5、工况10、工况15所设置的1876.26m），则会造成更大的弃水量。为寻求最优的水库提前蓄水高度，如图4-35~图4-37所示，对比各来流量和起调水位等级下弃水流量过程发现：从高程1874m开始起蓄，可在满足水库蓄水控制要求约束和拉沙安全约束的基础上使得弃水量最小。

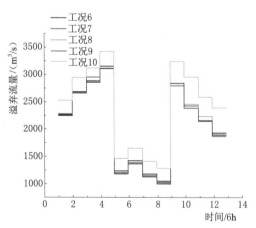

图4-36 5年一遇洪水弃水流量序列
（参见文后彩图）

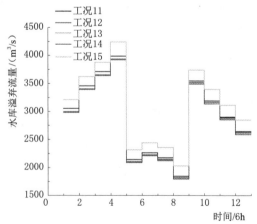

图4-37 10年一遇洪水弃水流量序列
（参见文后彩图）

4.6 耦合流达时间安全约束的水库溃坝应急调控研究

为寻求锦屏一级水库溃坝后官地水库和二滩水库需以何种方式进行提前泄水，建立了耦合流达时间安全约束的水库溃坝调控模型。该模型基本思路是：利用水库库容抵挡溃坝洪水压力，使得在水库不超过最高水位的情况下，下游洪水风险最低，即官地水库和二滩水库下泄水量最小。模型假设锦屏一级水库发生溃坝后，官地水库和二滩水库能够在半小时内接到通知并按照要求的泄洪方案进行应急泄洪。通过对模型进行求解，可以制定出不同工况条件下的官地和二滩水库溃坝应急调控预案库，具体包括：锦屏一级水库发生溃坝后，官地水库和二滩水库的应急泄洪流量设置，以及应急调控预案在官地水库和二滩水库的实施效果。

模型的目标函数如下：

$$K_1 = \min \sum_{t=1}^{T} q_{zxxt} \qquad (4-34)$$

式中：K_1 为水库下泄水量最小目标；T 为模型时段数；q_{zxxt} 为水库下泄流量，是优化调控模型的决策变量。

上述目标函数需满足的约束条件如下。

（1）水量平衡：

$$V_t = V_{t-1} + (Q_{int} - q_{zxxt}) \Delta t \qquad (4-35)$$

式中：V_t 为水库库容，亿 m^3；Q_{int}、q_{zxxt} 分别为二滩水库的上游来流量和下泄流量，m^3/s；Δt 为时间步长。

（2）水位—库容约束：

$$V_{min} \leqslant V_t \leqslant V_{max} \qquad (4-36)$$

$$Z_{min} \leqslant Z_t \leqslant Z_{max} \qquad (4-37)$$

$$Z_t = f^{v\sim z}(V_t) \qquad (4-38)$$

式中：V_{max} 和 V_{min} 为水库的库容上限和下限，亿 m^3；Z_t 为水库 t 时段末的水位，m；Z_{max} 和 Z_{min} 为水库的水位上限和下限，m；$f^{v\sim z}(V_t)$ 为水库的水位—库容关系曲线。

（3）水位—泄洪能力约束：

$$0 \leqslant q_{zxxt} \leqslant q_{zxxt\,max} \qquad (4-39)$$

$$q_{zxxt\,max} = f^{q\sim z}(Z_t) \qquad (4-40)$$

式中：$q_{zxxt\,max}$ 为水库泄洪能力的上限，m^3/s；$f^{q\sim z}(Z_t)$ 为水库的水位—泄洪能力关系曲线。

二滩水库和官地水库的水位—库容关系，见表 4-23 和表 4-24。

表 4-23　　　　　　　　　二滩水库水位—库容关系

水位/m	库容/亿 m³	水位/m	库容/亿 m³	水位/m	库容/亿 m³	水位/m	库容/亿 m³
1144	18.65	1159	26.09	1174	35.90	1189	47.65
1145	19.08	1160	26.61	1175	36.60	1190	48.50
1146	19.50	1161	27.26	1176	37.30	1191	49.35
1147	19.98	1162	27.90	1177	38.00	1192	50.20
1148	20.45	1163	28.55	1178	38.71	1193	51.10
1149	20.93	1164	29.20	1179	39.44	1194	52.00
1150	21.40	1165	29.85	1180	40.19	1195	52.95
1151	21.92	1166	30.50	1181	40.97	1196	53.90
1152	22.44	1167	31.15	1182	41.79	1197	54.90
1153	22.92	1168	31.80	1183	42.62	1198	55.90

表 4-24　　　　　　　　　官地水库水位—库容关系

水位/m	库容/亿 m³	水位/m	库容/亿 m³	水位/m	库容/亿 m³	水位/m	库容/亿 m³
1291	3.10	1301	3.94	1311	4.91	1321	6.06
1292	3.18	1302	4.03	1312	5.01	1322	6.19
1293	3.26	1303	4.13	1313	5.12	1323	6.32
1294	3.34	1304	4.22	1314	5.23	1324	6.45
1295	3.43	1305	4.31	1315	5.34	1325	6.58
1296	3.51	1306	4.41	1316	5.45	1326	6.72
1297	3.60	1307	4.50	1317	5.57	1327	6.86
1298	3.68	1308	4.60	1318	5.68	1328	7.01
1299	3.77	1309	4.70	1319	5.80	1329	7.15
1300	3.86	1310	4.80	1320	5.93	1330	7.29

二滩水库泄洪建筑物按 1000 年一遇洪水流量 20600m³/s 设计，设计洪水位为 1200m，按 5000 年一遇的洪水流量 23900m³/s 校核，校核洪水位为 1203.5m。表孔在设计洪水时泄量为 6260m³/s，校核洪水时泄量达 9500m³/s。中孔在设计洪水时泄量为 6930m³/s，校核流量时的泄流量为 6950m³/s。泄洪洞在设计洪水时泄量为 7400m³/s，校核洪水时泄量达 7600m³/s。综上所述，结合水位条件，二滩水电站最大下泄能力按 20580m³/s 计算。因此，二滩水库下泄流量 q_{zxxl} 最大值为 20580m³/s。

优化调控模型参数取值如下：以 10min 为一个调控时段进行优化，即时间步长 $\Delta t = 10$min。根据溃坝洪水演进计算结果，优化调控模型计算时长为 72h，共 468 步。

　　模型求解的工况设置如下：官地水库由于调节库容较小，通过与上游的锦屏一级水库联合运行，才能达到年调节的能力。因此，官地水库水位考虑为正常蓄水位 1330m。溃坝水动力学模型模拟工况设置见表 4-25。

表 4-25　　　　　　　　　溃坝水动力学模型模拟工况设置

工况	锦屏一级水库水位/m	二滩水库水位/m	工况	锦屏一级水库水位/m	二滩水库水位/m
1-1	1800	1150	3-4	1840	1180
1-2	1800	1160	3-5	1840	1190
1-3	1800	1170	3-6	1840	1200
1-4	1800	1180	4-1	1860	1150
1-5	1800	1190	4-2	1860	1160
1-6	1800	1200	4-3	1860	1170
2-1	1820	1150	4-4	1860	1180
2-2	1820	1160	4-5	1860	1190
2-3	1820	1170	4-6	1860	1200
2-4	1820	1180	5-1	1880	1150
2-5	1820	1190	5-2	1880	1160
2-6	1820	1200	5-3	1880	1170
3-1	1840	1150	5-4	1880	1180
3-2	1840	1160	5-5	1880	1190
3-3	1840	1170	5-6	1880	1200

　　不同工况下官地水库上游来流量通过 4.1.5 小节水动力学模型计算得出；以官地水库泄流过程为边界条件，利用 4.1.5 小节水动力学模型可计算得出不同工况下二滩水库上游来流量。

　　按照 4.1.5 小节建立的水动力学模型，通过模拟不同工况下的溃坝洪水演进过程，得到了官地水库上游来流量，见图 4-38 和表 4-26～表 4-30。

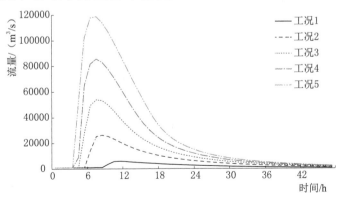

图 4-38　不同工况下官地水库上游来流量

表 4 - 26 官地水库上游来流量（工况 1）

时间/h	流量/(m³/s)	时间/h	流量/(m³/s)	时间/h	流量/(m³/s)	时间/h	流量/(m³/s)
0	1012.95	12	5698.14	24	2559.40	36	1209.72
1	1008.32	13	5310.42	25	2409.13	37	1148.71
2	1006.82	14	4927.86	26	2268.02	38	1094.78
3	1009.12	15	4570.97	27	2131.38	39	1044.91
4	1020.09	16	4327.37	28	1997.69	40	997.71
5	1046.48	17	4069.12	29	1869.29	41	952.92
6	1080.14	18	3800.84	30	1747.86	42	910.93
7	1100.55	19	3545.52	31	1635.05	43	870.96
8	1170.08	20	3310.26	32	1532.24	44	833.24
9	3671.03	21	3095.20	33	1439.06	45	797.96
10	5687.94	22	2899.90	34	1354.83	46	764.48
11	5959.69	23	2722.20	35	1278.73	47	732.90

表 4 - 27 官地水库上游来流量（工况 2）

时间/h	流量/(m³/s)	时间/h	流量/(m³/s)	时间/h	流量/(m³/s)	时间/h	流量/(m³/s)
0	1012.80	12	18630.77	24	5927.22	36	2591.51
1	1008.44	13	16620.86	25	5503.73	37	2441.16
2	1007.17	14	14863.11	26	5134.10	38	2303.39
3	1010.48	15	13346.13	27	4796.21	39	2175.40
4	1022.18	16	12035.10	28	4468.40	40	2055.73
5	1063.15	17	10894.00	29	4152.35	41	1943.81
6	14456.22	18	9896.51	30	3859.05	42	1840.11
7	25184.99	19	9018.87	31	3592.83	43	1744.31
8	26202.42	20	8243.48	32	3352.11	44	1655.31
9	25208.53	21	7556.98	33	3133.89	45	1572.41
10	23190.75	22	6948.70	34	2935.95	46	1495.24
11	20867.98	23	6408.24	35	2755.84	47	1422.83

表 4 - 28　　　　　　　　官地水库上游来流量（工况 3）

时间/h	流量/(m³/s)	时间/h	流量/(m³/s)	时间/h	流量/(m³/s)	时间/h	流量/(m³/s)
0	1012.80	12	34629.61	24	8676.69	36	3490.82
1	1008.44	13	30051.03	25	7941.14	37	3260.08
2	1007.15	14	26160.66	26	7289.86	38	3050.64
3	1010.46	15	22884.95	27	6712.04	39	2860.54
4	1026.99	16	20133.15	28	6198.18	40	2687.22
5	27988.14	17	17821.77	29	5741.97	41	2528.94
6	49588.89	18	15863.40	30	5342.75	42	2384.13
7	53935.70	19	14194.07	31	4990.00	43	2250.80
8	53290.54	20	12762.98	32	4658.43	44	2126.32
9	49837.26	21	11527.17	33	4334.76	45	2009.86
10	45040.21	22	10451.15	34	4027.51	46	1901.33
11	39767.78	23	9508.44	35	3745.67	47	1801.10

表 4 - 29　　　　　　　　官地水库上游来流量（工况 4）

时间/h	流量/(m³/s)	时间/h	流量/(m³/s)	时间/h	流量/(m³/s)	时间/h	流量/(m³/s)
0	1015.14	12	55934.80	24	11350.02	36	4287.57
1	1011.27	13	48344.61	25	10296.68	37	3984.42
2	1010.51	14	41329.38	26	9372.92	38	3706.72
3	1014.81	15	35158.30	27	8557.30	39	3455.49
4	9010.77	16	30030.22	28	7835.75	40	3227.76
5	65168.15	17	25890.48	29	7196.81	41	3021.24
6	81788.90	18	22536.71	30	6629.57	42	2833.81
7	85572.73	19	19787.22	31	6124.91	43	2662.98
8	82981.41	20	17506.70	32	5676.77	44	2506.70
9	77541.99	21	15586.46	33	5284.84	45	2363.68
10	70844.09	22	13955.75	34	4937.13	46	2231.75
11	63582.13	23	12558.20	35	4608.24	47	2108.52

表4-30　　　　　　　　官地水库上游来流量（工况5）

时间/h	流量/(m³/s)	时间/h	流量/(m³/s)	时间/h	流量/(m³/s)	时间/h	流量/(m³/s)
0	1015.14	12	79893.04	24	14109.28	36	4972.80
1	1011.25	13	70635.38	25	12689.22	37	4641.26
2	1010.55	14	61644.36	26	11462.86	38	4317.60
3	1015.80	15	52944.65	27	10395.29	39	4011.49
4	51532.45	16	44445.16	28	9459.38	40	3731.26
5	102437.1	17	37146.00	29	8633.39	41	3478.01
6	117749.2	18	31232.62	30	7903.35	42	3248.64
7	118720.00	19	26609.70	31	7256.60	43	3040.46
8	114034.10	20	22987.74	32	6682.60	44	2851.41
9	106829.50	21	20092.74	33	6172.19	45	2679.00
10	98340.95	22	17735.49	34	5719.28	46	2521.37
11	89221.88	23	15770.63	35	5323.61	47	2377.11

以官地水库上游来流量为边界条件，通过对调控模型进行求解，制定了不同工况条件下的官地水库溃坝应急调控预案库，见表4-31。

表4-31　　　　　　　　官地水库溃坝应急调控预案库

工　况	官地水库泄洪方案	效　果
1-1、1-2、1-3、1-4、1-5、1-6	按照最大下泄能力（表孔和中孔闸门最大开度）进行泄水	官地水库最高水位在正常蓄水位（1330.00m）以下
2-1、2-2、2-3、2-4、2-5、2-6	按照最大下泄能力（表孔和中孔闸门最大开度）进行泄水	官地水库最高水位为1332.64m，超过校核洪水位（1330.44m），但未超过坝顶高程（1334.00m）
3-1、3-2、3-3、3-4、3-5、3-6、4-1、4-2、4-3、4-4、4-5、4-6、5-1、5-2、5-3、5-4、5-5、5-6	按照最大下泄能力（表孔和中孔闸门最大开度）进行泄水	官地水库最高水位超过坝顶高程（1334.00m），发生漫坝险情

以官地水库应急调控预案的下泄流量过程为边界条件，通过模拟不同工况下的洪水演进过程，得到了二滩水库上游来流量见图4-39和表4-32～表4-36。

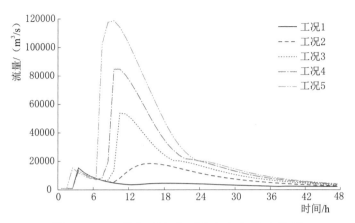

图 4-39　不同工况下二滩水库上游来流量

表 4-32　　　　　　　二滩水库上游来流量（工况 1）

时间/h	流量/(m³/s)	时间/h	流量/(m³/s)	时间/h	流量/(m³/s)	时间/h	流量/(m³/s)
0	1000.00	12	3575.61	24	4056.82	36	2438.15
1	1000.00	13	3737.67	25	3906.14	37	2336.18
2	1000.00	14	4041.99	26	3753.64	38	2455.15
3	15401.79	15	4312.01	27	3602.23	39	2447.11
4	12030.91	16	4497.94	28	3453.91	40	2438.63
5	9712.17	17	4597.84	29	3309.89	41	2429.76
6	7969.31	18	4624.94	30	3170.60	42	2420.53
7	6656.33	19	4600.05	31	3035.96	43	2410.96
8	5660.08	20	4540.85	32	2905.91	44	2401.05
9	4897.43	21	4450.54	33	2780.71	45	2390.82
10	4306.16	22	4334.98	34	2660.73	46	2380.28
11	3840.59	23	4201.53	35	2546.41	47	2369.43

表 4-33　　　　　　　二滩水库上游来流量（工况 2）

时间/h	流量/(m³/s)	时间/h	流量/(m³/s)	时间/h	流量/(m³/s)	时间/h	流量/(m³/s)
0	1000.00	6	7969.48	12	14906.45	18	17004.94
1	1000.00	7	6656.79	13	16970.48	19	16081.13
2	1000.00	8	5660.67	14	18095.86	20	15086.53
3	15401.79	9	5441.04	15	18477.60	21	14074.27
4	12030.91	10	8190.65	16	18318.22	22	13080.88
5	9712.21	11	11865.87	17	17783.93	23	12129.69

时间/h	流量/(m³/s)	时间/h	流量/(m³/s)	时间/h	流量/(m³/s)	时间/h	流量/(m³/s)
24	11234.86	30	7203.11	36	4870.49	42	3461.03
25	10403.65	31	6729.32	37	4583.13	43	3287.12
26	9638.47	32	6294.47	38	4319.27	44	3126.31
27	8938.49	33	5893.43	39	4076.95	45	2977.42
28	8301.31	34	5523.65	40	3854.28	46	2839.50
29	7724.35	35	5183.32	41	3649.53	47	2711.67

表 4 - 34　　　　　　　　二滩水库上游来流量（工况 3）

时间/h	流量/(m³/s)	时间/h	流量/(m³/s)	时间/h	流量/(m³/s)	时间/h	流量/(m³/s)
0	1000.00	12	49837.26	24	16366.15	36	6577.74
1	1000.00	13	45040.21	25	15205.48	37	6150.58
2	1000.00	14	39767.78	26	14075.93	38	5757.53
3	15401.79	15	34629.61	27	13002.56	39	5396.16
4	12030.91	16	30051.03	28	11999.45	40	5064.36
5	9712.21	17	26160.66	29	11073.24	41	4759.91
6	7969.48	18	22884.95	30	10225.43	42	4480.63
7	6656.81	19	20534.22	31	9453.94	43	4224.41
8	6739.08	20	20235.17	32	8754.69	44	3989.24
9	13576.02	21	19545.22	33	8123.27	45	3773.23
10	53935.70	22	18604.43	34	7555.22	46	3574.64
11	53290.54	23	17518.29	35	7043.30	47	3391.74

表 4 - 35　　　　　　　　二滩水库上游来流量（工况 4）

时间/h	流量/(m³/s)	时间/h	流量/(m³/s)	时间/h	流量/(m³/s)	时间/h	流量/(m³/s)
0	1000.00	12	74296.84	24	19584.52	36	7778.00
1	1000.00	13	67255.67	25	18410.87	37	7240.50
2	1000.00	14	59825.37	26	17168.89	38	6754.64
3	13457.27	15	52081.34	27	15920.21	39	6310.91
4	10790.23	16	44748.40	28	14707.46	40	5903.42
5	8779.93	17	38121.35	29	13557.89	41	5528.98
6	7269.03	18	32460.75	30	12486.45	42	5185.30
7	8235.51	19	27848.90	31	11499.88	43	4870.09
8	19602.64	20	24128.03	32	10599.26	44	4581.07
9	84723.46	21	21720.87	33	9781.91	45	4316.09
10	84811.20	22	21366.65	34	9042.94	46	4073.04
11	80483.87	23	20606.18	35	8376.68	47	3849.91

表 4 - 36　　　　　　　　　 二滩水库上游来流量（工况 5）

时间/h	流量/(m³/s)	时间/h	流量/(m³/s)	时间/h	流量/(m³/s)	时间/h	流量/(m³/s)
0	1000.00	12	98340.95	24	20161.23	36	8716.22
1	1000.00	13	89221.88	25	19466.76	37	8089.05
2	15401.79	14	79893.04	26	18522.46	38	7524.85
3	12031.45	15	70635.38	27	17435.82	39	7016.13
4	9713.25	16	61644.36	28	16285.87	40	6553.05
5	7971.01	17	52944.65	29	15129.34	41	6127.93
6	8491.89	18	44445.16	30	14005.06	42	5736.73
7	102437.10	19	37146.00	31	12937.44	43	5377.12
8	117749.20	20	31232.62	32	11940.22	44	5046.98
9	118720.00	21	26609.70	33	11019.76	45	4744.06
10	114034.10	22	22987.74	34	10177.37	46	4466.19
11	106829.50	23	20458.54	35	9410.89	47	4211.26

以二滩水库上游来流量为边界条件，通过对优化调控模型进行求解，制定了不同工况条件下的二滩水库溃坝应急调控预案库，见表 4 - 37。

表 4 - 37　　　　　　　　　 二滩水库溃坝应急调控预案库

工况	二滩水库泄洪方案	效　　　果
1 - 1 1 - 2 1 - 3 1 - 4 1 - 5	按照基础流量 1000m³/s 进行泄水	可以保证最高水位在正常蓄水位（1200.00m）以下
1 - 6	按照 5436m³/s 进行泄水	可以保证最高水位在正常蓄水位（1200.00m）以下
	按照 1639m³/s 进行泄水	可以保证最高水位在校核洪水位（1203.50m）以下
2 - 1 2 - 2 2 - 3 2 - 4	按照基础流量 1000m³/s 进行泄水	可以保证最高水位在正常蓄水位（1200.00m）以下
2 - 5	按照 3038m³/s 进行泄水	可以保证最高水位在正常蓄水位（1200.00m）以下
	按照 1280m³/s 进行泄水	可以保证最高水位在校核洪水位（1203.50m）以下
2 - 6	按照 11206m³/s 进行泄水	可以保证最高水位在正常蓄水位（1200.00m）以下
	按照 6870m³/s 进行泄水	可以保证最高水位在校核洪水位（1203.50m）以下

续表

工况	二滩水库泄洪方案	效　果
3－1 3－2 3－3	按照基础流量 1000m³/s 进行泄水	可以保证最高水位在正常蓄水位（1200.00m）以下
3－4	按照 4444m³/s 进行泄水	可以保证最高水位在正常蓄水位（1200.00m）以下
	按照 2122m³/s 进行泄水	可以保证最高水位在校核洪水位（1203.50m）以下
3－5	按照 11150m³/s 进行泄水	可以保证最高水位在正常蓄水位（1200.00m）以下
	按照 7412m³/s 进行泄水	可以保证最高水位在校核洪水位（1203.50m）以下
3－6	按照 16436m³/s 进行泄水	可以保证最高水位在校核洪水位（1203.50m）以下
4－1	按照 1501m³/s 进行泄水	可以保证最高水位在正常蓄水位（1200.00m）以下
4－2	按照 3908m³/s 进行泄水	可以保证最高水位在正常蓄水位（1200.00m）以下
	按照 1882m³/s 进行泄水	可以保证最高水位在校核洪水位（1203.50m）以下
4－3	按照 8288m³/s 进行泄水	可以保证最高水位在正常蓄水位（1200.00m）以下
	按照 5217m³/s 进行泄水	可以保证最高水位在校核洪水位（1203.50m）以下
4－4	按照 14774m³/s 进行泄水	可以保证最高水位在正常蓄水位（1200.00m）以下
	按照 10835m³/s 进行泄水	可以保证最高水位在校核洪水位（1203.50m）以下
4－5	按照 19047m³/s 进行泄水	可以保证最高水位在校核洪水位（1203.50m）以下
4－6	按照最大能力进行泄水	在锦屏一级水库溃坝 12h 后发生漫坝
5－1	按照 10772m³/s 进行泄水	可以保证最高水位在正常蓄水位（1200.00m）以下
	按照 7470m³/s 进行泄水	可以保证最高水位在校核洪水位（1203.50m）以下
5－2	按照 15564m³/s 进行泄水	可以保证最高水位在正常蓄水位（1200.00m）以下
	按照 11706m³/s 进行泄水	可以保证最高水位在校核洪水位（1203.50m）以下
5－3	按照 17646m³/s 进行泄水	可以保证最高水位在校核洪水位（1203.50m）以下
5－4	按照最大能力进行泄水	在锦屏一级水库溃坝 15h 50min 后发生漫坝
5－5	按照最大能力进行泄水	在锦屏一级水库溃坝 12h 后发生漫坝
5－6	按照最大能力进行泄水	在锦屏一级水库溃坝 9h 10min 后发生漫坝

第 5 章 枢纽群暴雨洪水预报及应急调控云服务平台研究

本章主要目标是构建可满足枢纽暴雨洪水预报及应急调控技术应用的运行支撑环境。通过云计算基础环境，形成面向实际研究业务的水文气象预测预报及安全应急调控集成解决方案，同时利用多个渠道收集国内外及政府企业水文气象及运行信息，为面向雅砻江流域示范应用提供设施基础、数据基础及模型算法分析基础。

为实现流域面临暴雨洪水时特大型水利枢纽群的实时决策与调度，以前述理论研究成果为指导，基于 SOA 架构将高精度短期临近暴雨洪水预报、洪水模拟及多目标调控、非常规洪水应急调控等各任务解耦为功能各异的组件和模块，深入分析不同业务组件间数据流向、业务流程和交互方式，研究针对不同用户和不同应用对象的各应用业务组件和模块的动态配置技术，将组件和模块封装为针对不同功能业务的服务，从而形成规范、标准、可动态配置的应用服务体系；研究基于表示层-调度层-业务层-数据层的云服务 SaaS 软件架构，将相关应用服务集成到云平台，设计契合各功能业务的开放式数据接口，进而搭建基于 GIS 的梯级枢纽群暴雨洪水预报及应急调控云服务平台，并在雅砻江流域安装运行，为雅砻江流域的相关管理工作提供决策支持服务。

5.1 系统总体架构

基于统一性、规范化、共享性、可扩充性和安全性原则，枢纽群暴雨洪水预报及应急调控云服务平台采用五层架构体系设计，以流域梯级调度可视化平台为支撑，在系统建设标准、制度和安全保障体系框架下，平台总体技术框架如图 5-1 所示。

（1）设施层：为平台运行提供网络环境和硬件环境支持，以及数据采集硬件设施。

（2）数据层：通过数据采集、数据爬取和数据横向交换多种数据获取手段，为整个平台提供数据资源，满足多源数据的获取和整合，服务于流域梯

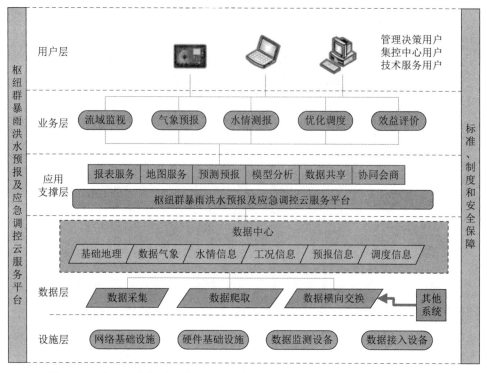

图 5-1　枢纽群暴雨洪水预报及应急调控云服务平台总体技术框架

级调度决策支持系统建设。

（3）应用支撑层：为平台提供报表服务、地图服务、预测预报、模型分析、数据共享及协调会商及各种应用服务中间件，满足应用模块搭建。

（4）业务层：以雅砻江流域梯级调度可视化平台为支撑，建设流域监视、气象预报、水情测报、优化调度、效益评价等应用模块，并支持新业务的平行扩展。

（5）用户层：搭建标准的用户体系，系统所面向的用户包括管理决策用户、集控中心用户、技术服务用户，通过用户角色、权限和部门管理等手段控制不同用户的权限类别。

5.2　数据库建设

5.2.1　数据库设计方案

梯级水库群基础资料数据库由基础地理数据库、水文气象数据库、工程信息数据库、模型算法数据库、系统管理数据库和元数据组成。

　　基础地理数据库可选用全球 30m DEM 或更高精度测绘地理数据。水文气象数据是项目的核心库，数据来源于参与建设的各家单位。工程信息数据可从发电企业获取。

　　数据库总体结构如图 5-2 所示。

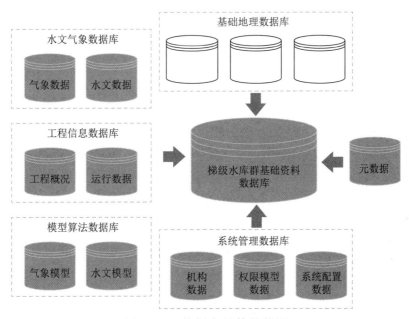

图 5-2　数据库总体结构图

　　标准化和规范化是数据库建设的核心之一，是保证信息交换、共享和应用支持有效性和可行性的重要前提。建立一套比较完整的标准和规范，在贯彻执行国家标准和行业标准的基础上，结合数据库建设的实际需要，研究制定数据标准。

　　数据库配套标准建设主要包括：数据库结构的科学性、规范性；数据内容的正确性、合理性；数据著录的一致性、规范性、完整性；数据的计量标准；数据的标引质量；数据库中的特殊字符处理；数据库中的图形、表格的处理规范；数据库文档的规范性。

　　（1）数据库结构的科学性、规范性。其内容包括根据各数据库内容与专业特点要求，统一数据库字段设置，并检查必选字段的完备性等。

　　（2）数据内容的正确性、合理性。内容包括判断数据是否符合规定的范围；如是否合理，即内容是否有超出、遗漏、重复等问题；数据内容是否反映事实和真实；是否标明了数据的时效、适用范围等。

　　（3）数据著录的一致性、规范性、完整性。内容包括著录内容的一致性（即同一数据集的基础数据必须保持一致，不能出现矛盾），著录的完备性（在数据库中应完整地给出一个对象的相关数据，某些对象的某些方面可能暂没有数据的或没有定义的应标明"暂缺"或"不适用"），数据内容的词法、句法的正确性（不应出现错别字符和不符合句法的语句）以及数据内容的表达是否符合国际、国内和行业的标准术语（暂无标准的应尽量按照行业习惯给出标准名称，如从外文翻译得到的，应给出原文信息）。

（4）数据的计量标准。其内容包括对数值型数据库要严格控制计量单位，计量单位要根据国家标准做出采用的具体说明，尤其是有统计要求的字段，计量单位一定要一致，对描述性字段的计量单位要尽可能统一。

（5）数据的标引质量。根据国家标准文献，主题标引规则审查主题词或关键词标引的科学性，制定相应的数据标引规范。

（6）数据库中的特殊字符处理。通过统一的数据格式标准，保证数据库内容中的上下角标、数学公式及其他特殊字符在每个库中的一致性。

（7）数据库中的图形、表格的处理规范。通过统一的数据格式标准，保证数据库中的图形、表格的处理规范的一致性。

（8）数据库文档的规范性。其内容包括数据库文档是否齐全、格式是否规范，包括：数据说明（记录条数、数据量）、数据库描述（数据的种类和范围、数据库结构、数据字典、数据的质量说明、数据的保护期限、数据的科学价值和使用领域、其他）、数据使用说明（数据格式、查询方法、其他）、相关软件（查询、更新、下载、其他）及应用情况（应用单位或个人、服务方式、应用证明、其他）等。

本书从以下几个方面展开数据库标准的建设。

（1）统一的地理坐标系统：地理坐标系统又称数据参考系统或空间坐标系，具有公共地理定位基准是地理空间数据的主要特点。通过投影方式、地理坐标、网格坐标对数据进行定位，可使各种来源的地理信息和数据在统一的地理坐标系统上反映出它们的空间位置和实际关系特征。统一的地理坐标系统是各类地理信息收集、存储、检索、相互配准及进行综合分析评价的基础。统一的地理坐标系统是保障数据共享的前提。

（2）统一的分类编码：数据必须有明确的分类体系和分类编码。只有将数据按科学的规律进行分类和编码，使其有序地存入计算机，才能对它们进行存储、管理、检索分析、输出和交换等，从而实现信息标准化、数据资源共享等应用需求，并力求实现数据库的协调性、稳定性、高效性。分类过粗会影响将来分析的深度，分类过细则采集工作量太大，在计算机中的存储量也很大。分类编码应遵循科学性、系统性、实用性、统一性、完整性和可扩充性等原则，既要考虑数据本身的属性，又要顾及数据之间的相互关系，保证分类代码的稳定性和唯一性。

（3）统一通用的数据交换格式标准：数据交换格式标准是规定数据交换时采用的数据记录格式，主要用于不同系统之间的数据交换。一个完善的数据交换标准必须能完成两项任务：①能从源系统向目标系统实现数据的转换，尽管它们之间在数据模型、数据格式、数据结构和存储结构方面存在差别；②能按一定方法转换数据，该方法要跨越两系统硬件结构之间的不同。一般属性数据库仅有几种固定的数据类型，因此数据转换问题比较简单。但是空间数据与之不同，除了起说明作用的属性数据外，还有起定位作用的空间数据，因此数据共享比较复杂。但是总的原则是制定的数据交换格式应尽量简单实用，能独立于数据提供者和用户的数据格式、数据结构及软硬件环境。数据格式应便于修改、扩充和维护，便于同国内外重要的平台数据格式进行交换，保证较强的通用性。在当前数据格式较多的情况下，应制定一套稳定的数据交换格式标准，并将基础数据转化成这一标准格式。

（4）统一的数据采集技术规程：数据库中涉及多源数据集，它具有数据量大、数据种类繁多、统计调查数据并存的特点。数据随时更新且有共享性、利于数据传输、交换等需求。根据数据库的目标和功能，要求数据库全面而准确地拥有尽可能多的有用数据。作业规程中对设备要求、作业步骤、质量控制、数据记录格式、数据库管理及产品验收都应作详细规定。所采集的数据应具有权威性、科学性和现实性的特点。

（5）统一的数据质量标准及控制。

1）数据质量标准：数据质量标准是生产、使用和评价数据的依据，数据质量是数据整体性能的综合体现，对数据生产者和用户来说都是一个非常重要的参考因子，它可以使数据生产者正确描述他们的数据集符合生产规范的程度，也是用户决定数据集是否符合他们应用目的的依据。其内容包括：执行何种规范及作业细则；数据情况说明；位置精度或精度评定；属性精度；时间精度；逻辑一致性；数据完整性；表达形式的合理性等。

2）数据质量控制：由于生产部门数字化作业人员水平、数据生产所采用的各种数据源、数字化设备的精度不同，最终导致对数据的精度和质量差异。另外，对作业人员的专业训练也有很大的关系。为了提高数据的质量，需要对数据质量进行控制。其内容包括：完整的技术方案；优化的工艺流程；严密的生产组织管理；各环节的质量评价及过程控制等。

（6）统一的元数据标准：随着数据共享的日益普遍，管理和访问大型数据集正成为数据生产者和用户面临的突出问题。数据生产者需要有效的数据管理、维护和发布办法，用户需要找到快捷、全面和有效的方法，以便发现、访问、获取和使用现势性强、精度高、易于管理和易于访问的数据。在这种情况下，数据的内容、质量、状况等元数据信息变得更加重要，成为数据资源有效管理和应用的重要手段。数据生产者和用户都已认识到元数据的重要价值。其内容包括：基本识别信息；数据组织信息；参考信息；实体和属性信息；数据质量信息；数据来源信息；其他参考信息。

（7）数据库信息交换 XML 标准：随着政府和企业信息化水平的提高，各种信息化系统纷纷投入使用，在 XML 诞生之前，因为系统环境、数据格式之间千差万别而导致的异构系统之间的数据很难进行交换。作为 W3C 的标准，XML（可扩展的标记语言）的出现为数据交换提供了一系列的技术方案，可以方便实现流程自动化和信息交换的自动化。

当前已经出现了很多基于 XML 的针对企业-企业电子商务的标准或旨在形成相应标准的计划，XML 能够在电子商务应用之间存储、转换和传送数据，应用平台与软件相对独立，数据不必因软件或平台的变化、升级而改变。

本书建立一系列数据库信息交换的 XML 文档结构标准、传输标准、安全标准等，用于数据库之间的信息交换。

5.2.2 数据库建设方案

5.2.2.1 数据规范

以数据内容为核心，建立采集、加工（分析）、传输、存储、业务组织和业务表现的多层模型。系统各层之间数据联系，同时又具备独立组织和实时能力。

对各业务数据分类整理，以国际标准化组织（ISO）批准和制定的可扩展标记语言语法标准、产品数据模型交换标准为参考规范，形成数据标准。

地理信息系统数据：DEM、DOM 采用中国国家高程数据交换格式 CNS-DTF-DEM，影像，图像采用 tif、img 交换格式，矢量图采用 KML/GML 国际标准标记语言。

三维模型信息数据：平台无关的通用图形交换标准（X3D/VRML 国际虚拟现实建模语言、STEP 图形交换标准、STL）。

非实时性业务信息数据、专题基本信息：XML 和 JSON 格式（GB 2312 和 UTF-8 编码方式）。

非结构化文档数据：Microsoft office 2000/2003/2007 格式、PDF 格式。

统计运行实时传输数据：XML 和 JSON 格式（GB 2312 和 UTF-8 编码方式），视频流数据采用 H.264 编解码。

5.2.2.2　数据编码方式

在编码体系上 GIS 地理信息数据和三维信息模型数据采用相同的编码体系。数据编码体系包括项目编码和模型（数据）编码两部分。项目编码是指重点能源项目的编码，具体编码规则示意如图 5-3 所示。

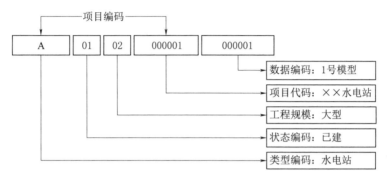

图 5-3　数据编码规则示意图

（1）类型编码主要包括水电站、燃煤电站、风电站、太阳能电站、变电站、油气储备库、城市燃气站和输电线路等。用 A~Z 表示。

（2）状态编码主要指项目建设状态，包括已建、在建和规划 3 种，对应采用 01、02 和 03 表示。

（3）工程规模主要包括大型、中型、小型、小（1）型、小（2）型等分类，支持分类扩展，采用 2 位数字编号，用 01~99 表示。

（4）项目代码采用 6 位数字编号，用 000001~999999 表示。

（5）数据包括地图数据和模型数据，编码采用 6 位数字编号，用 000001~999999 表示。

5.2.3　数据更新与维护

系统设计的数据包括：空间地理信息数据、三维模型数据、标注类数据、统计运行数据、生产管理数据。由于其数据来源各异、其更新频率、更新主体也不一。

（1）空间地理信息数据更新与维护：省级的大范围基础地理信息数据相对稳定、变化周期较长，根据需要以年为单位进行更新；而规划、建设及重点项目及周边范围的地理信息数据变更频繁，其更新频率按月、季度等更新。地理信息数据需经过整理形成符合标准格式要求，或者发布为地理信息标准服务，由系统直接调用。

（2）三维模型数据更新与维护：三维标准模型包括重点项目建设过程中的模型和生产运维模型。模型数据按需更新，由模型提供方如设计院提供符合国际标准的三维模型（如 VRML）及模型属性（如 XML 文件），由后台管理员通过系统进行版本管理。

（3）标注类数据：标注类数据是用户使用过程中对感兴趣的地方标注的信息，由系统前端直接更新与保存。通过程序由数据库统一管理与维护。

（4）统计运行数据、生产管理数据的更新与维护。这类数据来源于第三方企业、机构或其他生产管理系统。系统通过 Web Service 或者实时接口组件进行对接。在接口不变更的情况下，有程序自动维护。

5.2.4　数据库安全设计

互联网的广泛应用带给人类的是海量数据的高速交换、传输、共享，同时互联网在数据传输过程中也带来了数据安全的严重隐患。该项目所涉及的基础地理信息、三维模型、主题业务等数据，特别是航测影像数据甚至涉及国家机密。系统数据传输流程中的每一个环节的安全性都至关重要，任何一个环节遭受攻击都将影响系统的运行。更严重的是当离散的数据被窃取或破坏也许不会产生太严重的后果，但是当大量或全部数据被截取所造成的损失将是无法弥补的。

网络系统的可靠性和稳定性通过网络产品的高质量、网络设计的合理性、网络管理软件的有效使用得以实现。

应用系统的可靠性和稳定性取决于网络服务器系统的高可靠性、网络操作系统的高可靠性和高稳定性、网络环境下的数据库系统的高可靠性和高稳定性及网络环境下的应用系统具有的高可靠性与高稳定性。

信息资源的安全性是系统设计考虑的重点之一，系统采用下列手段保障系统信息资源的安全。

1. 多层次的访问控制

系统采用 3 层访问控制技术：①操作系统（OS）用户必须先经过操作认证是合法的操作系统用户；②经过数据库系统登录（注册），成为数据库用户，成为 public 用户组的一个成员；③经过数据系统的数据库拥有者授予相应对象的权限，才能成为数据库对象或命令用户。

2. 用户及权限管理

通过系统权限和对象权限授予数据库用户执行某个操作的许可，系统权限提供有关执行各种数据定义和数据控制命令的许可，对象权限提供在一个特别命名的数据库对象上的操作的许可。

3. 角色管理分级授权

系统的不同用户具有不同的权限集，为解决对用户的分级授权管理，采用了基于角色的安全性解决方案。通过允许将在表上或其他数据库实体上的权限组合在一起，通过授权给单一用户或一组用户的方法，可达到减少安全性管理的负担和代价。比如，当增加新用户时，按业务上工作岗位的设置授予相应的角色。如对数据的填报角色、审核角色及查询角色，分别对不同的基表或视图进行操作。

系统采用3层结构对系统进行加密处理。

（1）最高层次为系统管理员，采用双密码进行加密管理。系统管理员具备对于系统管理的一切权限，可以对系统内的任何管理员、任何工作组、任何角色授予系统内业务系统操作的任何权限；也可以剥夺系统内的任何管理员、任何工作组、任何角色对系统内业务系统操作的任何权限；系统管理员管理系统中心数据库。

（2）管理员级，接受系统管理员授予的管理其所辖范围内工作组或角色的权限。管理员可以对本地区内的任何工作组、任何角色授予业务系统操作的任何权限（如信息报送、信息审核、信息查询等），也可以剥夺本地区内的任何工作组、任何角色业务系统操作的任何权限。

（3）工作组级，具备业务组内角色的管理权限。工作组级可以对工作组内的任何角色授予工作组内业务系统操作的任何权限，也可以剥夺工作组内的任何角色对工作组内业务系统操作的任何权限。

角色接受工作组以上授予的对业务系统的操作权限，具体处理授予权限的业务。

管理员、工作组、角色接受上级授予的对业务系统操作的权限，具体处理相应的业务，并对自身的密码进行修改。

4. 审计管理

系统通过审计安全措施，监督用户对数据库所施加的动作（包括用户对数据库信息和资源的使用情况）。审计内容主要包括对系统级审计和用户级审计。系统级审计对数据库级权限下的操作进行审计；用户级审计对数据库用户所创建的表或视图进行审计。

5. 视图、快照和存储过程安全技术

为防止数据泄露或被破坏，系统采用视图、快照和存储过程技术对数进行访问，对数据库的基表不授予直接的访问权限。用户可通过视图、快照或存储过程间接访问数据库基表，通过视图用户只可查询和更改他们可以看到的数据，其余部分则不可见，也不能存取。

6. 加密技术及日志

系统授予系统管理员最高的权限，系统管理员可以对任何管理员、任何工作组、任何角色授予系统操作的任何权限，也可以剥夺任何管理员、任何工作组、任何角色对于系统操作的任何权限。

对关键性的数据比如用户密码等采用了加密技术，通过 DES 加密技术加密用户密码，密码的管理在系统中有严格的要求，对不同级别的用户（不同的技术管理人员和不同的系统应用人员）有不同的密码安全性，用户只能看到自己的密码，不能看到其他用户的密码，即使是超级管理员也不能。对于系统管理员密码的修改，必须知道旧密码。系统提供以储存问题的方法提取遗忘的密码。

通过加密技术对数据库中的关键信息进行有效的保护，防止信息资源被轻易偷盗和破解。

系统对不同级别的用户操作时设定了不同的密码时效性，即在无操作状态下一段时间后，系统自动锁定操作，同时启动屏幕保护程序锁定屏幕。

系统设计有系统管理员、管理员、普通用户的授权操作日志表，记录系统管理员、管理员、普通用户授予权限和剥夺权限的过程和内容；同时，为维护系统安全性，系统设计有针对所有用户对系统任何操作的日志表，记录所有用户对系统的任何操作的过程，以备在出现异常时的原因分析和责任认定。

7. 备份和恢复机制

数据库备份是保证数据库安全的一项重要措施，将建立一定的备份机制，对数据库进行定期自动地备份或人工备份，为数据的恢复提供保障。

在系统使用过程中，由于硬件出现故障或其他原因造成系统暂时性的中断后系统重新启动时，能够保证系统将原有的数据快速恢复并继续运行下去。在数据库设计时，有软件自动（默认）或人工对重要的数据进行定期的备份，并做有备份日志，系统的功能中专门设计数据备份和恢复功能，使用户能够快速自动从故障处恢复数据。

设计系统运行、备份和恢复的相关策略及方案如下。

（1）运行策略：①数据库运行在非归档模式下；②历史数据保存在只读表空间中；③在每次数据装载前，根据各地具体情况，将只读表空间更改为可读写或在系统中增加新的可读写表空间，将新增数据装载到可读写表空间中，在数据处理完毕后，将可读写表空间设置为只读；④当月数据全部处理完毕后，根据具体情况调整当月数据所在表空间，并在调整完毕后，将表空间设置为只读。

（2）备份策略：①在数据库软件安装完毕后，对安装数据库软件的目录进行打包备份；②数据库创建完毕后，停止数据库，对数据库做一次全备份；③表空间设置为只读后，采用操作系统工具将表空间对应数据文件备份到磁带库或指定位置；④只读表空间对应数据文件备份完毕后，使用 Data Pump 导出元数据，并将导出的元数据文件备份到指定位置；⑤每个月数据处理完毕，表空间调整完毕后，关闭数据库，进行全备份；⑥如果数据库 7×24 运行，无法提供每个月的停机维护时间，则可在每个月数据处理完毕，将当月数据所在表空间全部更改为只读后，按照备份策略3、策略4进行备份。

（3）恢复策略：①如果某只读表空间内的表被删除，则在数据库中，将整个只读表空间删除，然后从备份里将此只读表空间对应的数据文件恢复到原始位置，并使用 Data Pump 将对应元数据导入数据库；②如果某只读表空间的数据文件被损坏，导致无法读取数据，从备份里将对应的数据文件恢复到原始位置即可；③如果由于存储损坏导致数据库所有文件丢失，但数据库软件完好，则只需要将备份策略2中备份的数据文件恢复到原始位置，启动数据库，然后将所有备份的只读表空间对应数据文件恢复到原始位置，使用 Data Pump 将对应元数据导入数据库即可；④如果由于存储损坏，导致数据库软件被破坏，但操作系统完好，则只需要将备份策略1中备份的数据库软件恢复到原始位置即可；⑤如果由于存储损坏，导致包括操作系统在内的所有文件丢失，则只需要在安装完操作系统，并使操作系统的补丁情况与原始系统完全一致后，按照原始情况正确设置用户、组、权限等，在将备份策略1中备份的数据库软件恢复到原始位置，重新 relink 所有数据库软件即可。

对各策略说明：由于决策支持系统本身并不产生业务数据，所有系统中的业务数据都是从实际生产系统中获取的：如果已经有数据中心，则直接从数据中心中获取；如果尚未建立数据中心，则从各应用系统中分别获取。同时，决策支持系统从生产系统中获取数据时，在时间上具有离散性，在数据量上有成批性，并且，对获取数据的处理，通常紧接着数据获取进行。因此，决策支持系统在运行时，系统内的数据在集中时间段内发生大量变化，在其余大部分时间段内，都是静止的不发生变化的。换句话说，决策支持系统中的数据在大多数情况下，是采用增量更新的方式发生变化的。

5.3　云平台开发建设

5.3.1　云平台物理架构

依托中国电建成都勘测设计研究院有限公司企业私有云计算平台及中国电建云计算基础设施，开展暴雨洪水预报及应急调控云服务平台建设关键技术研究。

开展基于企业云平台的枢纽群暴雨洪水预报及应急调控云服务平台基础搭建工作，包括服务资源申请、网络拓扑架构、安全防护设计、互联网接口申请等工作，已经初步完成了能支撑本书研究成果应用的基础云计算环境构建。

1. 企业云计算平台构建

企业云计算平台构建包含服务器虚拟化和存储虚拟化两部分核心内容，利用万兆光纤交换网络，提供云存储及云设计应用，满足企业在云计算服务资源、存储资源及平台资源方面的需求，同时提供云计算管理及安全防护应用，为企业级云计算管理与安全防护提供完整解决方案。

将企业云计算平台与大数据基础设施环境相结合，研究构建可扩展伸缩的业务性架构，即可满足传统应用系统及模型算法对基础设施的需求，又能利用大数据技术，扩充业务架构的性能和能力，满足不同级别及应用领域系统业务需求。

2. 暴雨洪水预报模型算法及应急调控技术集成

依托云服务平台，开展国内外气象机构、政府部门、企业等数据建设，基于云计算平台开展数据共享及模型算法服务建设，构建枢纽暴雨洪水预报及应急调控技术运行支撑环境，满足研究需求。

5.3.2　业务系统建设

此业务目标是构建可满足枢纽暴雨洪水预报及应急调控技术应用的运行支撑环境，通过已建及在建的云计算基础环境，形成面向实际研究业务的水文气象预测预报及安全应急调控集成解决方案，同时利用多个渠道收集国内外及政府企业水文气象及运行信息，为面向雅砻江流域示范应用，提供设施基础、数据基础及模型算法分析基础。研究目标如下：

（1）完成枢纽群暴雨洪水预报及应急调控云服务平台建设方案及云计算

平台监控框架设计，可满足模拟预报及应急调控信息服务需求，具备灵活扩展性及可伸缩性。

（2）完成暴雨洪水预报模型算法集成及应用示范，可满足雅砻江示范流域暴雨洪水预报业务需求，雅砻江业务系统可通过本书云服务平台提供接口获取预测预报数据。

（3）完成应急调控技术集成及应用示范，可满足雅砻江示范流域应急调控业务需求，利用 GIS 及高精度三维可视化技术，提升雅砻江流域应急调控技术手段。

云平台系统框架设计如图 5-4 所示。

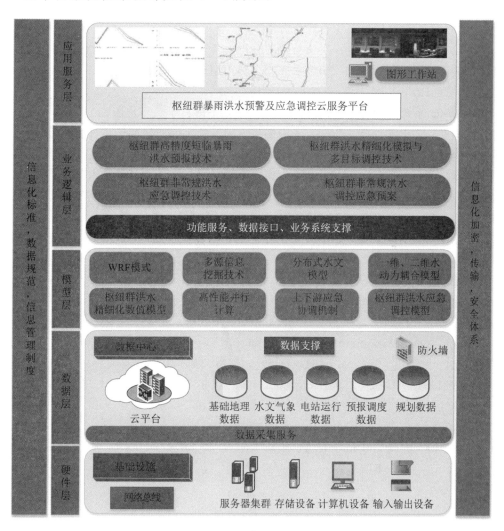

图 5-4　云平台系统框架设计

参 考 文 献

刁艳芳，王本德，2010. 基于不同风险源组合的水库防洪预报调度方式风险分析 [J]. 中国科学：技术科学，40 (10)：1140 – 1147.

郭亚军，姚远，易平涛，2007. 一种动态综合评价方法及应用 [J]. 系统工程理论与实践 (10)：154 – 158.

郭亚军，2002. 一种新的动态综合评价方法 [J]. 管理科学学报，5 (2)：49 – 54.

李克飞，2013. 水库调度多目标决策与风险分析方法研究 [D]. 北京：华北电力大学.

梅亚东，熊莹，陈立华，2007. 梯级水库综合利用调度的动态规划方法研究 [J]. 水力发电学报，26 (2)：1 – 4.

许国志，2000. 系统科学与工程研究 [M]. 上海：上海科学教育出版社.

张培，纪昌明，张验科，等，2017. 考虑多风险因子的水库群短期优化调度风险分析模型 [J]. 中国农村水利水电 (9)：181 – 185，190.

中国水利水电科学研究院，2011. 基于生态安全的梯级水电工程补偿技术研究 [R].

周惠成，张改红，王国利，2007. 基于熵权的水库防洪调度多目标决策方法及应用 [J]. 水利学报，38 (1)：100 – 106.

周建中，李英海，肖舸，等，2010. 基于混合粒子群算法的梯级水电站多目标优化调度. 水利学报，39 (10)：1212 – 1219.

HUANG K，YE L，CHEN，L，et al，2018. Risk analysis of flood control reservoir operation considering multiple uncertainties [J]. Journal of Hydrology，565：672 – 684.

FENG M，LIU P，LI Z，et al，2016. Modeling the nexus across water supply, power generation and environment systems using the system dynamics approach：Hehuang Region，China [J]. Journal of Hydrology，543：344 – 359.

MARKOWITZ H M，1952. Portfolio selection [J]. The Journal of Finance，7 (1)：77 – 91.

ZHOU J，ZHANG Y，ZHANG R，et al，2015. Integrated optimization of hydroelectric energy in the upper and middle Yangtze River [J]. Renewable & Sustainable Energy Reviews，45：481 – 512.

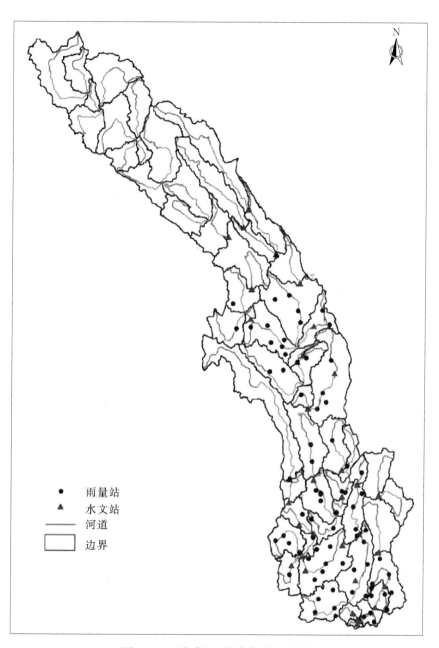

图 2-2 雅砻江流域水系示意图

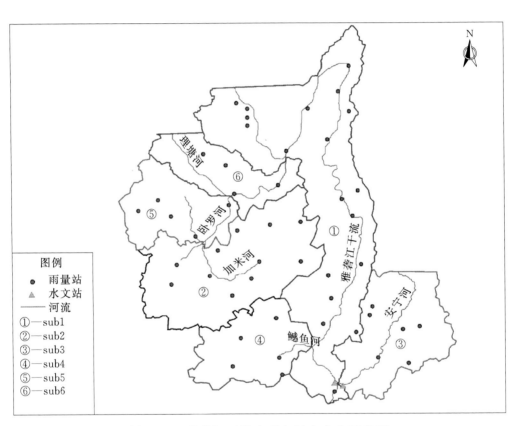

图 2-4　雅砻江下游水系与站点分布示意图

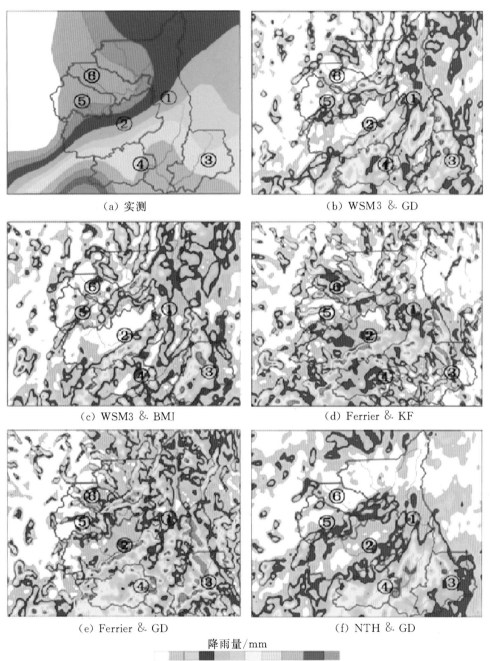

（a）实测   （b）WSM3 & GD

（c）WSM3 & BMJ   （d）Ferrier & KF

（e）Ferrier & GD   （f）NTH & GD

降雨量/mm

20 30 40 55 70 85 110 135 160 185

图 2-5 降水过程 1 实测与模拟总降水量空间分布对比图

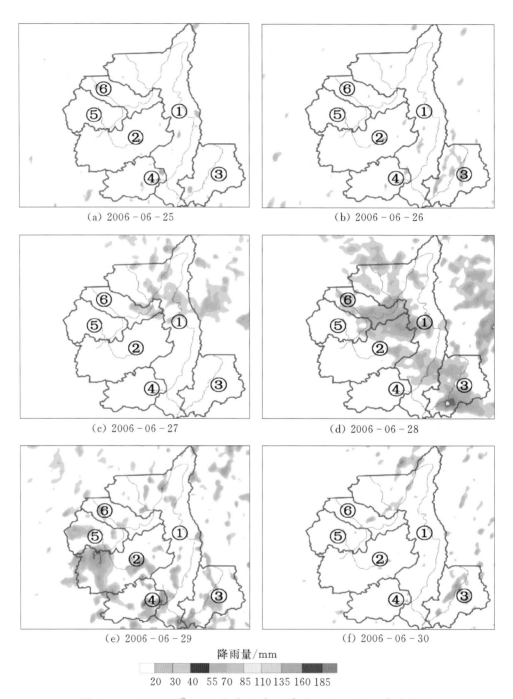

(a) 2006 − 06 − 25　　　　　　　　　(b) 2006 − 06 − 26

(c) 2006 − 06 − 27　　　　　　　　　(d) 2006 − 06 − 28

(e) 2006 − 06 − 29　　　　　　　　　(f) 2006 − 06 − 30

降雨量/mm

20　30　40　55　70　85　110　135　160　185

图 2 − 8　WSM3 & GD 方案组合对降水过程 3 的日降水模拟

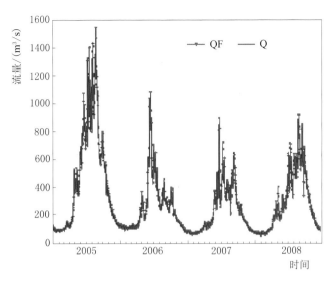

图 2-13 差分自回归移动平均模型新龙站验证期出流过程

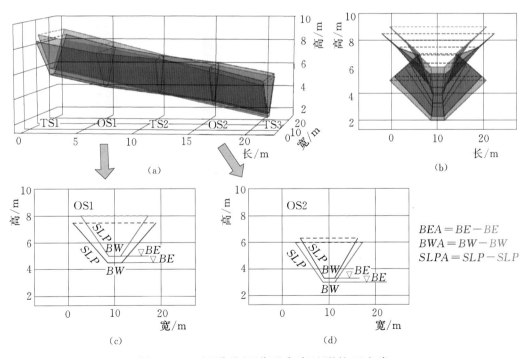

$$BEA = BE - BE$$
$$BWA = BW - BW$$
$$SLPA = SLP - SLP$$

图 3-10 河道及河道型水库地形校正方案

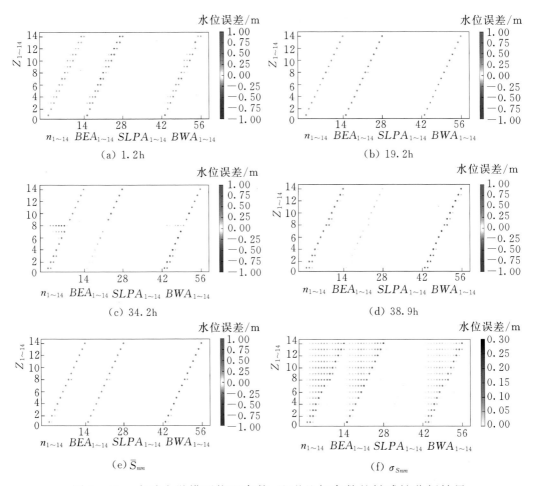

图 3-11 水动力学模型物理参数、地形几何参数的敏感性分析结果

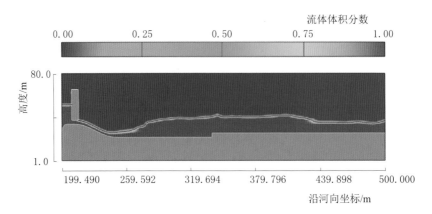

图 4-7 水动力模型剖面水跃计算结果图

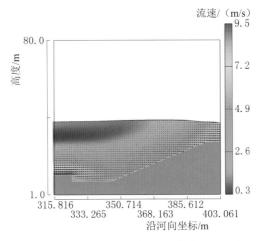

图 4 - 8　工况 1 河床段河道流速云图

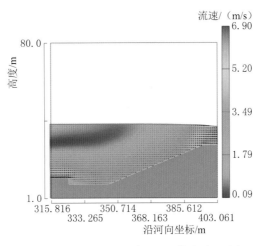

图 4 - 9　工况 2 河床段河道流速云图

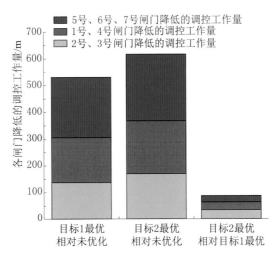

图 4 - 29　降低闸门调控工作量在
各闸门间的分配情况

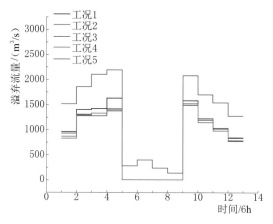

图 4-35　2 年一遇洪水弃水流量序列

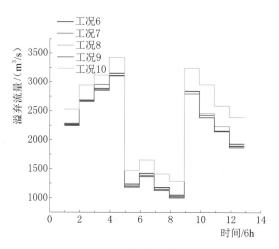

图 4-36　5 年一遇洪水弃水流量序列

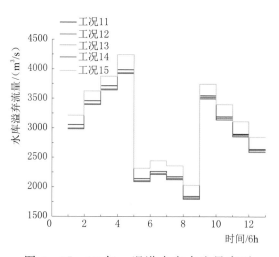

图 4-37　10 年一遇洪水弃水流量序列